Elektrophysiologie

Jürgen Rettinger
Silvia Schwarz
Wolfgang Schwarz

Elektrophysiologie

Grundlagen – Methoden – Anwendungen

 Springer Spektrum

Jürgen Rettinger
Multi Channel Systems MCS GmbH
Reutlingen, Deutschland

Silvia Schwarz
Shanghai Key Laboratory for Acupuncture
Mechanism and Acupoint Function
Fudan University
Shanghai, China
Shanghai Research Center for Acupuncture
and Meridians
Shanghai University of Traditional Chinese
Medicine
Shanghai, China

Wolfgang Schwarz
Institut für Biophysik
Goethe-Universität Frankfurt
Frankfurt am Main, Deutschland
Shanghai Key Laboratory for Acupuncture
Mechanism and Acupoint Function
Fudan University
Shanghai, China
Shanghai Research Center for Acupuncture
and Meridians
Shanghai University of Traditional Chinese
Medicine
Shanghai, China

ISBN 978-3-662-56661-9   ISBN 978-3-662-56662-6 (eBook)
https://doi.org/10.1007/978-3-662-56662-6

Die Deutsche Nationalbibliothek verzeichnet diese Publikation in der Deutschen Nationalbibliografie; detaillierte bibliografische Daten sind im Internet über http://dnb.d-nb.de abrufbar.

Springer Spektrum
Übersetzung der englischen Ausgabe: Electrophysiology, Basics, Modern Approaches and Applications von Rettinger et al., erschienen bei Springer International Publishing Switzerland 2016, © Springer International Publishing Switzerland. Alle Rechte vorbehalten.
© Springer-Verlag GmbH Deutschland, ein Teil von Springer Nature 2018

Verantwortlich im Verlag: Stephanie Preuß

Gedruckt auf säurefreiem und chlorfrei gebleichtem Papier

Springer Spektrum ist ein Imprint der eingetragenen Gesellschaft Springer-Verlag GmbH, DE und ist ein Teil von Springer Nature.
Die Anschrift der Gesellschaft ist: Heidelberger Platz 3, 14197 Berlin, Germany

Vorwort

Dieses Buch basiert auf einer früheren englischen Version von Jürgen Rettinger, Silvia Schwarz und Wolfgang Schwarz mit dem Titel *Electrophysiology: Basics, Modern Approaches and Applications*. Die gegenwärtige Fassung richtet sich wie bisher an Studenten der Biologie, Chemie und Physik mit speziellem Interesse an biophysikalischen Fragestellungen. Aufgrund der Heterogenität der angesprochenen Leser versuchen wir einige grundlegende Informationen sowohl physikalischer als auch biologischer Natur kurz anzureißen.

Jürgen Rettinger
Silvia Schwarz
Wolfgang Schwarz
Frankfurt am Main und Schanghai
Februar 2018

Über das Buch

Nach einer kurzen Einführung und einer historischen Rückblende zum Thema Elektrophysiologie (s. ► Kap. 1) sollen elektrochemische Prinzipien und Grundlagen zusammengestellt werden, die für das Verständnis dieses Themas wichtig sind (s. ► Kap. 2). Im anschließenden ► Kap. 3 werden elektrophysiologische Methoden sowie Möglichkeiten der Datenanalyse dargestellt. Dabei werden Messverfahren angesprochen, die sich von solchen am ganzen Tier, über solche an einzelnen Zellen mit Mikroelektroden bis hin zur Patch-Clamp-Technik erstrecken. In diesem Kapitel wird auch kurz auf die ionenselektiven Mikroelektroden, die Karbonfaser-Technik und die Schnüffel(*Sniffer*)-Patch-Methode eingegangen. Eine moderne Vorgehensweise in der Elektrophysiologie wird in ► Kap. 4 angesprochen. In ► Kap. 5 werden die wichtigsten elektrischen Leitfähigkeiten einer Zellmembran bezüglich ihrer charakteristischen Eigenschaften beschrieben. Die Grundlagen der Erregbarkeit, die auf der Hodgkin-Huxley-Beschreibung eines Aktionspotenzials und der synaptischen Übertragung beruhen, werden in ► Kap. 6 beschrieben. ► Kap. 7 illustriert anhand von drei Beispielen charakteristische Eigenschaften von Carriern im Vergleich zu Kanälen und zeigt auf, wie elektrophysiologische Methoden zur funktionellen Charakterisierung genutzt werden können. Abschließend wird in ► Kap. 8 exemplarisch erläutert, wie die Kombination von Elektrophysiologie, Molekularbiologie und Pharmakologie genutzt werden kann, um wichtige Erkenntnisse über Struktur, Funktion und Regulation der Membranpermeabilitäten zu gewinnen, die die Grundlage für viele zelluläre Funktionen bilden. Neben der Na^+, K^+-Pumpe und dem GABA-Transporter, als Beispiele für aktive Transporter, werden der purinerge Rezeptor P2X und virale Ionenkanäle als Beispiele für Ionenkanäle eingeführt.

Das Buch enthält außerdem einen Anhang (► Kap. 9); hier werden die Graphentheorie, ein nützliches Handwerkszeug zur theoretischen und quantitativen Behandlung von Reaktionsmechanismen und der Einfluss elektrischer und magnetischer Felder auf physiologische Funktionen angesprochen. Außerdem enthält der Anhang eine Anleitung für einen Laborkurs in Elektrophysiologie.

Wichtige physikalische Einheiten

Im Folgenden sind elektrische Einheiten und ihre Definitionen aufgelistet, die in der Elektrophysiologie eine wichtige Rolle spielen.

Spannung U [Volt, V]: 1 Volt ist definiert als die elektrische Potenzialdifferenz zwischen zwei Punkten eines Leiters, durch den der Strom von 1 Ampere fließt, wenn dabei gleichzeitig 1 Joule/Sekunde ($= 1\,\mathrm{Ws/s}$) verbraucht wird

Widerstand R [Ohm, Ω]: Der Widerstand eines Leiters beträgt $1\,\Omega$, wenn ein durch ihn fließender Strom vom Betrag 1 Ampere eine Spannung von 1 Volt zwischen seinen Enden erzeugt

Leitfähigkeit g [Siemens, S]: Kehrwert des Widerstands R

Strom I [Ampere, A]: Man betrachte zwei parallele, unendlich lange und unendlich dünne Kabel, die im Vakuum in einem Abstand von einem Meter zueinander fixiert sind. Die Stromstärke 1 Ampere ist dann als der Strom definiert, der zu einer Kraft von $2 \cdot 10^{-7}$ Newton/Kabelmeter führt

Ladung Q [Coulomb, C]: 1 Coulomb ist als das $6{,}24 \cdot 10^{18}$-Fache der Elementarladung e ($1{,}6 \cdot 10^{-19}\,\mathrm{A\,s}$) definiert, bzw. eine Ladung von 1 C wird durch einen Leiter in 1 Sekunde transportiert, wenn durch ihn ein Strom von 1 Ampere fließt ($1\,\mathrm{C} = 1\,\mathrm{A\,s}$)

Kapazität C [Farad, F]: 1 Farad ist definiert als die Kapazität eines Plattenkondensators, zwischen dessen Platten eine Spannung von 1 Volt auftritt, wenn er mit einer Ladung von 1 Coulomb geladen ist

Magnetische Flussdichte B [Tesla, T]: 1 T ist gleich der Flächendichte des homogenen magnetischen Flusses 1 Weber (Wb), der die Fläche $1\,\mathrm{m}^2$ senkrecht durchsetzt: $1\,\mathrm{T} = 1\,\mathrm{Wb/m}^2$

Die oben genannten Größen können in SI-Einheiten (Meter, Kilogramm, Sekunde, Ampere) ausgedrückt werden.

Volt: $\quad \mathrm{V} = \frac{\mathrm{W}}{\mathrm{A}} = \frac{\mathrm{kg\,m}^2}{\mathrm{A\,s}^3}$

Ohm: $\quad \Omega = \frac{\mathrm{V}}{\mathrm{A}} = \frac{\mathrm{kg\,m}^2}{\mathrm{A}^2\mathrm{s}^3}$

Siemens: $\mathrm{S} = \frac{1}{\Omega} = \frac{\mathrm{A}^2\,\mathrm{s}^3}{\mathrm{kg\,m}^2}$

Ampere: $\mathrm{A} = \mathrm{A}$

Coulomb: $\mathrm{C} = \mathrm{A\,s}$

Farad: $\quad \mathrm{F} = \frac{\mathrm{C}}{\mathrm{V}} = \frac{\mathrm{A}^2\,\mathrm{s}^4}{\mathrm{kg\,m}^2}$

Liste der Symbole und Abkürzungen

A	Verstärkungsfaktor (OP-Verstärker), Fläche	P	Permeabilität
au	Willkürliche Einheit	Q	Ladung
a	Aktivität	r	Widerstand
B	Bandbreite	R	Allgemeine Gaskonstante
c	Konzentration	R, R_Ω	Widerstand
C	Kapazität	S	Spektraldichte
D	Diffusionskoeffizient Dielektrizitätskonstante (Kondensator)	t	Zeit
		T	Temperatur
e	Elementarladung	TEVC	Zwei-Elektroden-Voltage-Clamp (Two-Electrode Voltage Clamp)
E, V, Φ	Elektrisches Potenzial	U	Energie
f	Frequenz	v	Geschwindigkeit
F	Faraday-Konstante, Farad	z	Valenz
g	Leitfähigkeit	γ	Einzelkanalleitfähigkeit
G	Gibbs'sche Energie	δ	Quantisierungsschritt, Ladungsdichte
h	Planck'sches Wirkungsquantum		
i	Einzelkanalstrom	ε_0	Polarisierbarkeit des Vakuums
I	Strom	η	Viskosität
J	Fluss, Stromdichte	λ	Längenkonstante
k	Boltzmann-Konstante, Ratenkonstante	μ	Chemisches Potenzial
		ρ	Spezifischer Widerstand
l, a, x	Länge, Abstand, Tiefe	τ	Zeitkonstante
N_a	Avogadro-Zahl		
p	Wahrscheinlichkeit, Dipolmoment		

Inhaltsverzeichnis

Über die Autoren

Dr. phil.nat. Jürgen Rettinger
Multi Channel Systems MCS GmbH
Reutlingen, Deutschland

Silvia Schwarz
Shanghai Key Laboratory for Acupuncture
Mechanism and Acupoint Function
Fudan-University
Shanghai, China
Shanghai Research Center for Acupuncture
and Meridians
Shanghai University of Traditional Chinese
Medicine
Shanghai, China

Prof. Dr. rer.nat. Wolfgang Schwarz
Institut für Biophysik
Goethe-Universität Frankfurt
Frankfurt am Main, Deutschland
Shanghai Key Laboratory for Acupuncture
Mechanism and Acupoint Function
Fudan-University
Shanghai, China
Shanghai Research Center for Acupuncture
and Meridians
Shanghai University of Traditional Chinese
Medicine
Shanghai, China

Einführung

© Springer-Verlag GmbH Deutschland, ein Teil von Springer Nature 2018
J. Rettinger, S. Schwarz, W. Schwarz, *Elektrophysiologie*, https://doi.org/10.1007/978-3-662-56662-6_1

Der erste Teil der Einführung gibt einen Überblick über den Stoff, der im Laufe dieser Beschreibung der Elektrophysiologie präsentiert werden soll. Anschließend folgt ein historischer Rückblick auf die Entwicklung der Elektrophysiologie. Insbesondere die modernen Entwicklungen auf diesem Gebiet werden dann in den folgenden Kapiteln dargestellt. Für detaillierte Informationen über die Elektrophysiologie von Ionenkanälen möchten wir auf die ausgezeichneten Lehrbücher von Bertil Hille (2001) und David J. Aidley und Peter R. Stanfield (1996) verweisen. Wir möchten an dieser Stelle auch den *Axon Guide* (Axon Instruments 1993) erwähnen.

1.1 Einführender Überblick

Die Elektrophysiologie ist eine ausgesprochen vielseitig einsetzbare biophysikalische Methode. Mit ihr werden heute elektrische Eigenschaften von Zellmembranen, den in sie eingebetteten Proteinen und deren funktionelle Bedeutung untersucht. Die verschiedenen funktionellen Aufgaben, die Zellen in einem Organismus übernehmen, sind zu einem erheblichen Teil durch spezielle Membranproteine bestimmt. Wir wollen hier nicht die Funktionen der Komponenten einer Zellmembran im Einzelnen beschreiben, aber dem Leser grundlegende Eigenschaften in Erinnerung rufen.

Die Zellmembran wird durch eine Phospholipiddoppelschicht gebildet, die einen extrem hohen elektrischen Widerstand von ca. $10^{15}\,\Omega$ aufweist (s. ▪ Tab. 2.2) und das Zytoplasma vom extrazellulären Raum trennt. Zellspezifische Proteine sind in diese Doppelschicht eingebettet oder an sie angeheftet (▪ Abb. 1.1).

Diese Proteine sind bezüglich ihrer Funktion hoch spezialisiert und dienen der Kommunikation zwischen extrazellulärem Raum und dem Zytoplasma, der Informationsausbreitung entlang einer Zelle oder zwischen verschiedenen Zellen. Die Struktur der Zellmembran ist nicht starr, sondern man spricht von einer flüssig-kristallinen Mosaikstruktur (Singer und Nicolson 1972). Die Proteine werden dabei über ein Zytoskelett in ihrer Position gehalten. Wechselwirkungen der Membranproteine mit dem Zytoskelett oder mit anderen zytoplasmatischen Komponenten spielen eine wichtige Rolle für die funktionelle Regulation der Proteine.

Damit eine Zelle ihre Aufgaben erfüllen kann, müssen Nährstoffe, Stoffwechselprodukte und Ionen über die hydrophobe Zellmembran transportiert werden. Dieses ermöglicht eine spezielle Gruppe von Membranproteinen: die der Transportproteine. Die Transportproteine lassen sich in zwei Klassen gruppieren, in die Kanal- und die Carrier-Proteine (s. ▪ Abb. 1.2, s. auch ▶ Abschn. 7.1).

Der typische Kanal ist ein Protein, das eine Pore bilden kann. In ihrem offenen Zustand ermöglicht die Pore, dass Ionen entlang ihrer elektrochemischen Gradienten die Membran überqueren können. Der Übergang zwischen offenem und geschlossenem Zustand der Pore beruht auf einer Konformationsänderung des Proteins, die als *gating* bezeichnet wird. Bei einer geöffneten Pore können die Ionen die Membran mit Rate von 10^{7}–$10^{8}\,s^{-1}$ überqueren; bezogen auf die Leitfähigkeit einer einzelnen Pore bedeutet das eine Einzelkanalleitfähigkeit von etwa 10–100 pS.

Bei einem Carrier muss für jede Translokation eines Substrats eine Reihe von Konformationsänderungen erfolgen. Da die Lebensdauer solcher Konformationen normalerweise im ms-Bereich liegt, werden in der Regel Translokationsraten von weniger als $10^{3}\,s^{-1}$ erreicht. Sind es Ionen, die mithilfe eines Carriers über die Membran transportiert werden, führt das zu Leitfähigkeiten, die deutlich unter einem fS pro Transportprotein liegen.

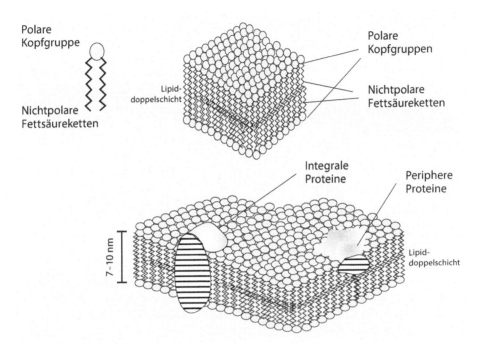

◻ Abb. 1.1 Aufbau einer Zellmembran als flüssig-kristalline Phospholipiddoppelschicht mit eingebetteten Proteinen. (Siehe auch Singer und Nicolson 1972)

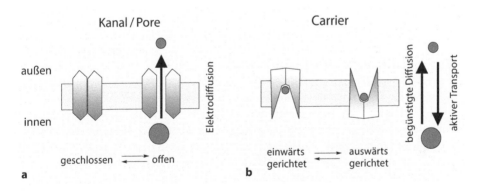

◻ Abb. 1.2 Schematische Darstellung eines Kanals (**a**) und eines Carriers (**b**)

Die mittlere Transportrate kann für beide Transportsysteme aber trotzdem ähnlich sein, da ein Kanal normalerweise nur für sehr kurze Zeit im offenen Zustand ist, während ein Carrier kontinuierlich arbeitet. Kanäle sind daher häufig an schnellen Signalmechanismen beteiligt, während Carrier eher „Haushaltsfunktionen" übernehmen (s. ◻ Tab. 1.1).

Wenn Transportproteine einen Nettotransport von Ionen über die Membran ermöglichen, wollen wir sie *elektrogene* Transporter nennen. In diesem Sinne sind Kanäle per se elektrogen, aber auch Carrier können natürlich Nettoladungen über die Membran transportieren. Der Strom, der durch Kanäle fließt oder von Carriern generiert wird, kann an zellulären Signalprozessen beteiligt sein. Dabei kann der Strom direkt als Signal wirken

◻ **Tabelle 1.1** Charakteristische Eigenschaften von Kanälen (Poren) und Carriern

	Poren	Carrier		
Art des Transports	Ionenkanäle	Begünstigte Diffusion	Primär aktiver Transport	Sekundär aktiver Transport
Treibende Kraft	Diffusion entlang eines Gradienten	Diffusion entlang eines Gradienten	Transport gegen einen Gradienten unter Ausnutzung von	
			z. B. metabolischer Energie (z. B. ATP)	Ionengradienten
Transportrate	$< 10^8 \, s^{-1}$		$< 10^3 \, s^{-1}$	
Leitfähigkeit	$\sim 1\text{--}300 \, pS$		$\ll pS$	
Funktion	Signalfunktion	Haushaltsfunktion		

(wie bei einem Aktionspotenzial (s. ▶ Kap. 6)), oder er kann indirekt zelluläre Funktionen beeinflussen (z. B. durch Modulation von intrazellulären Signalketten). Die Phospholipiddoppelschicht stellt eine Barriere mit sehr niedriger Leitfähigkeit (10^{-8} S/cm^2) zwischen dem Zytoplasma und der extrazellulären Flüssigkeit dar. Aufgrund der Ionenkanäle und elektrogenen Carrier steigt die Leifähigkeit auf Werte von mehr als 10^{-6} S/cm^2. Veränderungen in der Membranleitfähigkeit (in erster Linie durch das Öffnen und Schließen von Ionenkanälen) ziehen Veränderungen im Membranpotenzial mit sich. Folglich erzeugt ein Membranstrom in der Größe von 1 µA/cm^2 eine Potenzialdifferenz im Bereich von mehreren 10 mV über der Membran (*Membranpotenzial*). Solche Veränderungen im Membranpotenzial bilden die Grundlage für viele zelluläre Funktionen wie z. B. die Ausbreitung von Aktionspotenzialen in erregbaren Zellen. Sie können aber auch direkt elektrogenen Transport über die Membran beeinflussen, da hier das Membranpotenzial einen Teil der Triebkraft bildet, oder indirekt über eine Beeinflussung der Konformationsänderungen, die die Transportaktivität des Proteins bestimmen.

Neben elektrogenen Transportern gibt es Carrier, die keine Nettoladung über die Membran transferieren. Das kann daran liegen, dass entweder ein elektrisch neutrales Molekül transportiert wird oder eine Gegenladung in Form eines Co- oder Gegentransports. Solche Transportsysteme können aber trotzdem vom Membranpotenzial beeinflusst werden, wenn bei den Konformationsänderungen, die dem Substrattransport zugrunde liegen, Ladungen in dem Protein verschoben werden oder die Bindung von Ionen innerhalb des elektrischen Feldes erfolgt. Unter diesen Bedingungen werden Änderungen im Membranpotenzial zu Änderungen in der Transportaktivität führen, sofern die entsprechenden Reaktionsschritte geschwindigkeitsbestimmend sind. Es sollte hier betont werden, dass geschwindigkeitsbestimmend nicht notwendigerweise geschwindigkeitsbegrenzend bedeutet.

Die heutige Elektrophysiologie beschäftigt sich mit verschiedenen Techniken, mit denen elektrische Signale (Strom- und Potenzialänderungen) analysiert werden können, die an Zellmembranen generiert werden, oder mit Techniken, mit denen elektrische Reize den Membranen zugeführt werden, um deren Einfluss auf den Membrantransport und die Zellfunktion zu studieren. Elektrische Signale, die von Leitfähigkeitsänderungen in Zellmembranen herrühren, können häufig von der Körperoberfläche von höheren Lebewesen abgeleitet werden. Ebenso können solche Leitfähigkeitsänderungen von außen her induziert werden. Man kann aber auch isoliertes Gewebe, einzelne Zellen oder sogar ein isoliertes Membranareal untersuchen. Diese Techniken werden in ▶ Kap. 3 besprochen.

1.2 Geschichte der Elektrophysiologie

Dieses Kapitel beruht auf dem eindrucksvollen Übersichtsartikel von C. H. Wu (1984). Die ersten bioelektrischen Phänomene, mit denen die Menschheit konfrontiert war, waren Entladungen vom elektrischen Organ gewisser Fische. Bereits im alten Ägypten war der Katzenwels *Malapterurus* im Nil bekannt, der Spannungspulse bis zu 350 V erzeugen kann.

Auch aus dem Mittelmeer sind seit Langem fünf Arten des elektrischen Zitterrochens bekannt. In ◼ Abb. 1.3 kann auf einem Mosaik aus Pompeji aus dem 1. Jahrhundert nach Chr. der Rochen *Torpedo torpedo* identifiziert werden. *Torpedo* kann mit seinem elektrischen Organ elektrische Pulse von 45 V erzeugen.

Zu dieser Zeit hatte man allerdings noch keine Vorstellung über die Grundlage der Entladungsphänomene. Trotzdem wurden die Entladungen verschiedener Tiere für therapeutische Zwecke genutzt, wir könnten heute sagen für Elektrotherapie. Sehr detaillierte Vorschriften zur medizinischen Nutzung von *Torpedo* sind von Scribonius Largus überliefert worden (s. Sconocchia 1983), der zur Zeit des Kaisers Claudius (41–54 n. Chr.) lebte. Scribonius Largus gibt z. B. für die Behandlung von Gicht, Kopfschmerzen, Schlafstörungen und Nervenerkrankungen an, den *Torpedo* mit der betroffenen Körperoberfläche in Kontakt zu bringen oder eine Gliedmaße in einen Wasserbehälter mit dem *Torpedo* einzutauchen. Über die Jahrhunderte hin breiteten sich diese therapeutischen Anweisungen über ganz Europa aus.

Erste Anstrengungen, das Phänomen zu verstehen, wurden Mitte des 18. Jahrhunderts unternommen, indem Mediziner begannen, die Anatomie des elektrischen Organs zu untersuchen (◼ Abb. 1.4). Das Organ ist aus kleinen Säulen aufgebaut und jede der Säulen aus dünnen Scheiben. Nachdem die Wissenschaftler realisiert hatten, dass die Scheiben aus Muskelzellen entstanden sind, begannen äußerst kontroverse Spekulationen über die elektrische Natur der Entladungssignale.

In einem Brief an Benjamin Franklin berichtete John Walsh von der elektrischen Grundlage des Phänomens (Walsh und Seignette 1773). 1776 gelang es ihm, die Entladung des elektrischen Organs in Form eines Lichtblitzes sichtbar zu machen. Diese

◼ **Abb. 1.3** Mosaik aus Pompeji (1. Jahrhundert nach Chr.) mit *Torpedo torpedo*. (Aus dem Museo Archeologico Nazionale 2014, Neapel, https://www.flickr.com/photos/carolemage/14820098532/)

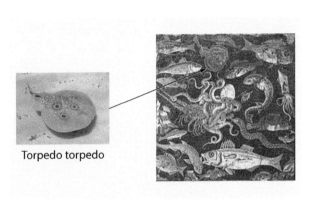

Torpedo torpedo

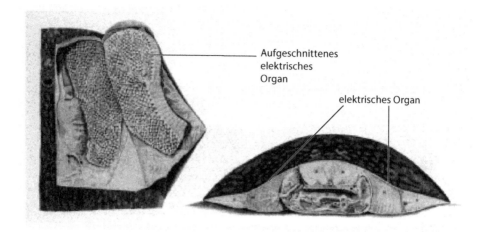

Aufgeschnittenes
elektrisches
Organ

elektrisches Organ

◼ Abb. 1.4 Struktur des elektrischen Organs von *Torpedo*. (Nach Hunter 1773)

Entdeckung überzeugte auch die kritischsten Forscher von der elektrischen Natur des Entladungsphänomens und kann somit als die Geburtsstunde der Elektrophysiologie betrachtet werden. Ende des 18. Jahrhunderts zeigten Alessandro Volta und Luigi Galvani, dass elektrische Phänomene nicht nur die Grundlage für die Funktion des elektrischen Organs bilden, sondern auch für die Aktivität der Nerven- und Muskelzellen. Allerdings hatten Galvani und Volta sehr kontrovers diskutierte Vorstellungen über das Zustandekommen der Nerv-Muskel-Reaktionen.

Galvani (1791) zeigte zunächst, dass ein Froschmuskel sich kontrahiert, wenn der Muskel oder der innervierende Nerv mit einem Bimetallbogen berührt wird (◼ Abb. 1.5). In Analogie zum elektrischen Organ interpretierte Galvani seine Beobachtung als Entladung elektrischer Energie, die im Muskel gespeichert ist.

Volta glaubte dagegen, dass die Verwendung zweier Metalle in dem Metallbogen zur Ausbildung einer Potenzialdifferenz zwischen diesen führt und die Elektrizität dann auf den Muskel übertragen wird. Diese Erklärung führte ihn dazu, ein Modell des elektrischen Organs zu konstruieren, das aus einer Serie von abwechselnden Zink- und Kupferscheiben

◼ Abb. 1.5 Experiment von Galvani zur Demonstration der Erregbarkeit eines Nerv-Muskel-Präparats. (Aus Galvani 1791)

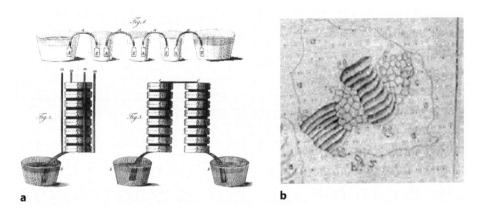

a   **b**

◻ Abb. 1.6 Elektrische (Volta'sche) Säulen, wie sie Alessandro Volta (1800) **a** als Modell für das elektrische Organ beschrieben hat, und zum Vergleich **b** Elektrozyten, die die Säulen des elektrischen Organs von *Torpedo* bilden. (Nach Lorenzini 1678)

bestand, die mit Seewasser getränkten Stoffstücken voneinander getrennt und in einer Säule angeordnet waren (Volta (1800), s. ◻ Abb. 1.6a). Die prinzipielle Ähnlichkeit zwischen der Volta'schen Säule, mit der eine Spannungsdifferenz von 50 V erzeugt werden konnte, und dem elektrischen Organ (◻ Abb. 1.6b) ist beeindruckend.

Bald entdeckte man, dass alle lebenden Zellen eine elektrische Potenzialdifferenz an ihrer Membran aufweisen, das sogenannte Ruhepotenzial, und dass sich Nerven- und Muskelzellen, sogenannte erregbare Zellen, durch die Ausbildung von Aktionspotenzialen auszeichnen. Ein Aktionspotenzial ist eine kurzzeitige Änderung in der Polarität, die sich wie eine Welle längs der Membran der Zellfaser ausbreitet (▶ Abschn. 6.1.3). Die Grundlage dieser Phänomene sind die elektrochemischen Gradienten für Ionen (▶ Abschn. 2.2), die die Zellmembran passieren können. Bei diesen Ionen handelt es sich in erster Linie um Na^+, K^+ und Cl^-, und in der ruhenden Zelle ist die Summe der Ströme, I, die durch diese Ionen getragen werden, null (*steady state*):

$$I_{Na} + I_K + I_{Cl} = I = 0.$$

Die Ionenflüsse werden durch die jeweiligen Konzentrationsgradienten und den elektrischen Gradienten getrieben und lassen sich durch die Nernst-Planck-Gleichung beschreiben (s. ▶ Abschn. 2.4). Mit den Annahmen, dass sich die Ionen unabhängig voneinander mit einem konstanten Diffusionskoeffizienten bewegen und dass in der Membran ein konstantes Feld (*constant field*) vorliegt, lässt sich die Nernst-Planck-Gleichung integrieren, was zu der häufig angewandten Goldman-Hodgkin-Katz (GHK)-Gleichung für das Ruhe(=Null-Strom)potenzial E_{rev} führt:

$$E_{rev} = \frac{RT}{F} \ln \left(\frac{P_{Na}[Na]_o + P_K[K]_o + P_{Cl}[Cl]_i}{P_{Na}[Na]_i + P_K[K]_i + P_{Cl}[Cl]_o} \right).$$

Auf Grundlage der GHK-Gleichung wird die Potenzialdifferenz an einer Zellmembran durch ionenspezifische Permeabilitäten P bestimmt (s. ▶ Abschn. 2.3):

$$P = D/a$$

mit dem Diffusionskoeffizienten D und der Membrandicke a. Für eine exakte Beschreibung sollten anstelle der Konzentrationen korrekterweise Aktivitäten verwendet werden, die zwar auch die Dimension einer Konzentration haben, aber den Betrag des tatsächlich dissoziierten Salzes angeben.

Nachdem erkannt worden war, dass die Erregbarkeit von Nerven- und Muskelzellen auf der Ausbreitung von Aktionspotenzialen entlang der Zellfasern beruht, stellte Julius Bernstein (1902, 1912) die Hypothese auf, dass das Ruhepotenzial auf einer für K^+-Ionen selektiven Permeabilität beruht und das Aktionspotenzial einen Zusammenbruch des Membranpotenzials darstellt, hervorgerufen durch einen Zusammenbruch der Ionenselektivität. Allerdings stellte sich später heraus, dass das Membranpotenzial während eines Aktionspotenzials innen sogar positiv gegenüber außen wird.

Ein qualitativ neuer Schritt wurde von Allan Hodgkin und Andrew Huxley (1952) in die Elektrophysiologie eingeführt. Den beiden britischen Wissenschaftlern gelang es zu zeigen, dass die Phänomene der elektrischen Erregbarkeit und die Entstehung des Aktionspotenzials auf ganz spezifische Änderungen von Ionenleitfähigkeiten zurückzuführen sind (s. ► Kap. 6). Diese Erkenntnis wurde 1963 mit dem Nobelpreis geehrt. Grundlage für diese Arbeit war die sogenannte *Voltage-Clamp-Technik*, die von Cole (Cole 1949) und Marmont (Marmont 1949) entwickelt und später von Hodgkin und Huxley zusammen mit Katz (Hodgkin et al. 1949, 1952) verfeinert wurde.

Ein entscheidender Schritt in der Arbeit von Hodgkin und Huxley war die Separation der verschiedenen Stromkomponenten. Diese Vorgehensweise ermöglichte es ihnen, die zeit- und spannungsabhängigen Leitfähigkeiten für die Na^+- und K^+-Ionen zu untersuchen, die die Grundlage für den zeitlichen Verlauf des Aktionspotenzials lieferten. Die Hodgkin-Huxley-Beschreibung (s. ► Abschn. 6.1.2) führte zu der Frage, worauf die Spannungsabhängigkeit der Leitfähigkeiten beruhen könnte. Eine mögliche Erklärung bestand in der Annahme der Existenz ionenselektiver Kanäle, die in einem offenen oder geschlossenen Zustand vorliegen können, wobei der Übergang zwischen den Zuständen mit Ladungsverschiebungen im Kanalprotein verbunden ist. Eine weitere Frage zielte auf die Leitfähigkeit einer Pore in ihrem offenen Zustand. Grobe Abschätzungen, unter der Annahme, dass die Ionen die Pore zusammen mit ihrer Hydrathülle passieren können, lieferten eine maximale Leitfähigkeit von 300 pS (s. ► Abschn. 3.6.3). Das bedeutet, dass durch eine einzelne offene Pore Ströme von höchstens einigen 10 pA fließen können. Zur damaligen Zeit war es unmöglich, mit der konventionellen Voltage-Clamp-Technik solche kleinen Ströme zu messen, da unspezifische Leckströme um mehrere Größenordnungen größer waren. Ein weiterer Meilenstein in der Geschichte der Elektrophysiologie war daher die Entwicklung einer neuen Voltage-Clamp-Technik, der *Patch-Clamp-Methode*, durch Erwin Neher und Bert Sakmann (1976, Nobelpreis im Jahr 1991), mit der es möglich wurde, Ströme durch einzelne Kanäle zu detektieren (s. ► Abschn. 3.5).

Die oben erwähnten Meilensteine der Elektrophysiologie sowie weitere, für die heutige Elektrophysiologie wichtige Höhepunkte sind in ▣ Tab. 1.2 zusammengestellt.

▣ Tabelle 1.2 Meilensteine der elektrophysiologischen Forschung. Arbeiten, für die der Nobelpreis vergeben wurde, sind in Fettdruck hervorgehoben

Zeit	Name	Thema
vor 2750 v. Chr.	Reliefs in ägyptischen Gräbern	Erste Hinweise auf bioelektrische Aktivität
44–48 n. Chr.	Scribonius Largus	Verwendung des elektrischen Organs von *Torpedo* für medizinische Therapien (in *Scribonii Largi de compositione medicamentorum liber*)
1773	J. Hunter	Darstellung der Morphologie des elektrischen Organs
1776	J. Walsh	Nachweis der elektrischen Natur der Organaktivität von *Torpedo* durch Erzeugung eines elektrischen Blitzes („Geburtsstunde" der Elektrophysiologie)
1791	L. Galvani und A. Volta	Elektrische Erregung von Nerven- und Muskelzellen
1906	**C. Golgi und S. Ramon y Cajal**	**Untersuchungen zur Feinstruktur des Nervensystems**
~1910	J. Bernstein	Hypothese zum Aktionspotenzial
1920	**W. Nernst**	**Arbeiten auf dem Gebiet der Thermochemie**
1924	**W. Einthoven**	**Beschreibung des Elektrokardiograms**
1932	**E. D. Adrian und C. Sherrington**	**Entdeckungen zur Funktion von Neuronen**
1936	**H. H. Dale und O. Loewi**	**Entdeckungen bei der chemischen Übertragung der Nervenimpulse**
1944	**J. Erlanger und H. S. Gasser**	**Entdeckung unterschiedlicher Arten von Nervenfasern**
1949	**W. R. Hess**	**Entdeckung der funktionalen Organisation des Zwischenhirns für die Koordination der Tätigkeit von inneren Organen**
1949	Cole und Marmont	Entwicklung der Voltage-Clamp-Technik
1961	**G. v. Békésy**	**Entdeckung der physikalischen Mechanismen bei der Stimulation in der Cochlea**
1963	**J. Eccles, A. L. Hodgkin und A. F. Huxley**	**Entdeckungen zu den Ionenmechanismen bei der Erregung und Hemmung in peripheren und zentralen Bereichen der Nervenzellmembran**
1967	**R. Granit, H. K. Hartline und G. Wald**	**Untersuchung der physiologischen und chemischen Sehvorgänge im Auge**
1970	**J. Axelrod, B. Katz und U. v. Euler**	**Entdeckungen im Zusammenhang mit den humoralen Transmittern in den Nervenenden und dem Mechanismus ihrer Speicherung, Freigabe und Inaktivierung**
1981	**D. H. Hubel und T. N. Wiesel**	**Entdeckungen über Informationsverarbeitung im Sehwahrnehmungssystem**

◻ **Tabelle 1.2** (Fortsetzung)

Zeit	Name	Thema
1991	E. Neher und B. Sakmann	Entdeckungen zur Funktion von einzelnen Ionen-kanälen in Zellen
1997	P. D. Boyer, J. E. Walker und J. C. Skou	Klärung der Synthese des energiereichen Moleküls Adenosintriphosphat (ATP) und Entdeckung des ionentransportierenden Enzyms Natrium-Kalium-ATPase
2000	A. Carlson, P. Greengard und E. R. Kandel	Entdeckungen zur Signalübertragung im Nerven-system
2003	P. Agre und R. MayKinnon	Erforschung von Kanälen in Zellmembranen

1.3 Übungsaufgaben

1. Stellen Sie eine Tabelle mit den Meilensteinen (Zeitdaten) aus der Geschichte der Elektrophysiologie auf, und geben Sie Entdeckungen und Aussagen an.
2. Diskutieren Sie die Frage: Wer hatte recht: Luigi Galvani oder Alessandro Volta?
3. Wie erzeugen Tiere mit ihrem elektrischen Organ hohe Spannungsimpulse? Beschreiben Sie die elektrophysiologische Grundlage dafür.

Literatur

Aidley DJ, Stanfield PR (1996) Ion channels, molecules in action. Cambridge Univ.Press, Cambridge

Axon Instruments (1993) The axon guide for electrophysiology and biophysics axon instruments inc

Bernstein J (1902) Untersuchungen zur Thermodynamik der bioelektrischen Ströme. Erster Theil. Pflügers Arch 92:521–562

Bernstein J (1912) Elektrobiologie. Vieweg, Braunschweig

Cole KS (1949) Dynamic electrical characteristics of the squid axon membrane. Arch Sci Physiol 3:253–258

Galvani L (1791) De viribus electricitatis in motu musculari commentarius. Bon Sci Art Inst Acad Comm 7:363–418

Hille B (2001) Ionic Channels of Excitable Membranes, 3. Aufl. Sinauer Associates, Sunderland

Hodgkin AL, Huxley AF (1952) A quantitative description of membrane current and its application to conductance and excitation in nerve. J Physiol 117:500–544

Hodgkin AL, Huxley AF, Katz B (1949) Ionic currents underlying activity in the giant axon of the squid. Arch Sci Physiol 3:129–150

Hodgkin AL, Huxley AF, Katz B (1952) Measurements of current-voltage relations in the membrane of the giant axon of Loligo. J Physiol 116:424–448

Hunter, J. (1773–1774) Anatomical Observations on the Torpedo. Phil. Trans. **63**, 481–489

Lorenzini, S. (1678). Osservazioni intorno alle torpedini fatte. Firenze, Per l'Onofri.

Marmont G (1949) Studies on the axon membrane I. A new method. J Cell Comp Physiol 34:351–382

Museo Archeologico Nazionale, Neapel, created by C. Raddato (2014) https://www.flickr.com/photos/carolemage/14820098532/. Zugegriffen am 17. Febr. 2018.

Neher E, Sakmann B (1976) Single-channel currents recorded from membrane of denervated frog muscle fibres. Nature 260:799–802

Sconocchia S (1983) Scribinii Largi compositions. Teubner, Leipzig

Singer SJ, Nicolson GL (1972) The fluid mosaic model of the structure of cell membranes. Science 175:720–731

Volta A (1800) On the electricity excited by the mere contact of conducting substances of different kinds. Phil Trans (in French) 90:403–431

Walsh, J. & Seignette, S. (1773–1774) On the electric property of the Torpedo. Phil. Trans. **63**, 461–480

Wu CH (1984) Electric fish and the discovery of animal electricity. Am Sci 72:598–607

Theoretische Grundlagen

© Springer-Verlag GmbH Deutschland, ein Teil von Springer Nature 2018
J. Rettinger, S. Schwarz, W. Schwarz, *Elektrophysiologie*, https://doi.org/10.1007/978-3-662-56662-6_2

Dieses Kapitel stellt einige elektrochemische Grundlagen für das Verständnis der Elektrophysiologie zusammen. Das beinhaltet elektrische Eigenschaften biologischer Membranen und die Verteilung der essenziellen Ionen zwischen der extrazellulären Umgebung und dem Zytoplasma. Zudem werden die Grundlagen der thermodynamischen Gleichungen (Donnan-, Nernst- und Goldman-Hodgkin-Katz-Gleichung) dargestellt.

2.1 Elektrische Eigenschaften biologischer Membranen

Die folgende ◘ Tab. 2.1 gibt eine Zusammenstellung der für die Elektrophysiologie wichtigsten physikalischen Konstanten, die später benutzt werden.

Die Verteilung von geladenen Teilchen mit der potenziellen Energie U wird durch die Boltzmann-Verteilung beschrieben:

$$c(U) = c_0 e^{-U/kT}.$$

Der Boltzmann-Faktor $e^{U/kT}$ ($= e^{\Delta EzF/RT}$), der die Ladungsverteilung im elektrischen Feld wiedergibt, spielt daher eine wichtige Rolle bei der Beschreibung elektrophysiologischer Vorgänge und Zustände, wobei ΔE die Potenzialdifferenz über der Zellmembran und z die effektive Valenz ist. Daher ist es nützlich, den Wert von RT/F in mV anzugeben. Bei Raumtemperatur (293 K) gilt:

$$RT/F = 25\,\text{mV} \quad \text{oder} \quad \ln(10)\,RT/F = 58\,\text{mV}.$$

In der Elektrophysiologie ist häufig die Beschreibung für die Verteilung zwischen zwei Zuständen notwendig. Für eine Ladung Q lässt sich eine solche Verteilung durch die Fermi-Gleichung beschrieben:

$$Q(\Delta U) = \frac{1}{1 + \exp(\Delta EzF/RT)}.$$

Weitere wichtige physikalische Regeln und Eigenschaften sind:

a. Das *ohmsche Gesetz*: $E = I \cdot R_\Omega$ oder $I = g \cdot E$; dabei bezeichnet I den Strom, R_Ω den Widerstand und g ist R_Ω^{-1}.

b. Der *spezifische Widerstand (resistivity, r)*: Er ist ein Maß für den elektrischen Widerstand und durch $R_\Omega = r \cdot l/F$ definiert, wobei l die Länge (z. B. einer Nervenfaser)

◘ **Tabelle 2.1**   Oft verwendete physikalische Konstanten

Konstante	Abkürzung	Wert	Einheit
Avogadro'sche Zahl	N_A	$6{,}022 \cdot 10^{23}$	mol^{-1}
Elementarladung	e	$1{,}602 \cdot 10^{-19}$	C
Boltzmann-Konstante	k	$1{,}381 \cdot 10^{-23}$	$\text{J\,K}^{-1}$
Universelle Gaskonstante	$R\,(kN_A)$	$8{,}314$	$\text{J\,K}^{-1}\,\text{mol}^{-1}$
Faraday'sche Konstante	$F\,(eN_A)$	$9{,}648 \cdot 10^4$	$\text{C\,mol}^{-1}$

◻ Tabelle 2.2 Typische Werte für den spezifischen Widerstand

	Phospholipid-doppelschicht	Extrazelluläre Lösung		Seewasser
		für Säuger	für Amphibien	
r (Ωcm)	10^{15}	60	80	20

und F die Querschnittsfläche ist. Im Allgemeinen wird r in Ωcm angegeben. Typische Werte sind in ◻ Tab. 2.2 zusammengestellt und zeigen noch einmal den hohen elektrischen Widerstand der Phospholipiddoppelschicht im Vergleich zu Elektrolytlösungen mit physiologischer Ionenzusammensetzung.

c. Die *Kapazität* ($C = Q/E$): Interessanterweise ist die spezifische Kapazität einer Zellmembran unabhängig vom Zelltyp und fast gleich der einer reinen Phospholipiddoppelschicht ($0{,}8\,\mu F/cm^2$). Ein Wert von $1\,\mu F/cm^2$ wird daher häufig benutzt, um die Oberfläche einer Zelle anhand der elektrisch bestimmten Kapazität der gesamten Zellmembran zu ermitteln. Die Kapazität lässt sich aus dem transienten Signal berechnen, das beim Laden oder Entladen der Membrankapazität entsteht.

Ein einfaches Membranmodell besteht aus der Parallelschaltung eines Kondensators, der die Membrankapazität widerspiegelt, und eines Widerstands, der alle Leitfähigkeiten über die Zellmembran zusammenfasst (s. ◻ Abb. 2.1).

Ein transientes Signal kann unter Voltage- oder Current-Clamp-Bedingungen registriert werden; die Analyse erfolgt dann aufgrund der folgenden Beziehungen (s. ◻ Abb. 2.1):

$$I = \frac{dQ}{dt} = C\frac{dE}{dt} \Rightarrow \frac{dE}{dt} = \frac{I}{C} \quad dE = \frac{1}{C}Idt.$$

Die Entladung des Kondensators hat einen exponentiellen Zeitverlauf:

$$E = E_0 e^{-t/\tau}$$

mit der Zeitkonstanten

$$\tau = R_\Omega C.$$

Für eine biologische Membran mit einem spezifischen Widerstand von 10–$10^6\,\Omega cm^2$ liegen typische Werte für τ im Bereich von $10\,\mu s$ bis $1\,s$.

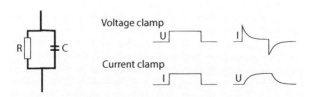

◻ Abb. 2.1 Elektrische Antworten einer Zellmembran auf einen Voltage- oder Current-Clamp-Puls. Die Membran wird vereinfacht durch einen Schaltkreis aus einem Widerstand R_Ω und einem parallel geschalteten Kondensator C gebildet

2.2 Ionenverteilung an biologischen Membranen

Alle elektrischen Phänomene, die sich an einer Zellmembran abspielen, basieren auf der asymmetrischen Ionenverteilung zwischen dem Zytoplasma und dem extrazellulären Raum und auf ionenselektiven Permeabilitäten oder Leitfähigkeiten. ◘ Tab. 2.3 gibt einen Überblick über die Konzentrationen der wichtigsten anorganischen Ionen außerhalb und innerhalb einer Zelle bei drei verschiedenen Tierspezies, die in der Elektrophysiologie ausgiebig studiert wurden.

◘ Tab. 2.3 gibt auch ungefähre Werte für die gemessenen Ruhepotenziale E_R an, die nach Konvention als „Innen-Außen"-Potenzial angegeben werden. Die Verteilung der Ionen bei Zellen verschiedenen Ursprungs weist qualitative Ähnlichkeiten auf. Im Zytoplasma finden wir etwa 10-mal weniger Na^+ als im extrazellulären Medium, aber extrazellulär finden wir ca. 40-mal weniger K^+ als intrazellulär. Für Ca^{2+} findet man wie für Na^+ einen einwärts gerichteten Gradienten, die Aktivitäten unterscheiden sich dabei sogar um mehr als vier Größenordnungen. Die extrem niedrige intrazelluläre Aktivität der Ca^{2+}-Ionen im sub-μM-Bereich kann vorübergehend leicht und schnell durch Einstrom von Ca^{2+} oder durch Ca^{2+}-Freisetzung aus intrazellulären Speichern erhöht werden. Solche Mechanismen spielen eine wichtige physiologische Rolle für die Regulation verschiedenster zellulärer Funktionen, die sehr sensibel vom intrazellulären Ca^{2+} abhängig sind.

Das dominierende extrazelluläre Anion ist Cl^-, die intrazelluläre Cl^--Konzentration ist deutlich niedriger; für die Gesamtelektroneutralität sorgen dabei die negativen Ladungen der intrazellulären Proteine. Elektroneutralität ist ein grundlegendes Prinzip (s. auch weiter unten ▶ Abschn. 2.3.1), dem elektrophysiologische Prozesse folgen müssen. Die Gesamtaktivitäten der Anionen und Kationen intra- und extrazellulär müssen gleich sein.

Die Ionengradienten sind von physiologisch essenzieller Bedeutung. Besonderes Interesse kommt daher der Frage nach den Ursachen für die asymmetrischen Ionenverteilungen und deren Aufrechterhaltung zu, Fragen, mit denen wir später immer wieder konfrontiert sein werden. In ▶ Abschn. 2.3 wollen wir kurz die elektrochemischen Konsequenzen besprechen. Für weitere Einzelheiten möchten wir z. B. auf Hille (2001) verweisen.

◘ **Tabelle 2.3** Ionenverteilungen (in mM) innerhalb- und außerhalb einer Zelle

	Tintenfischaxon		Froschmuskel		Säugermuskel		Verhältnis
	Außen	Innen	Außen	Innen	Außen	Innen	Außen/Innen
Na^+	460	50	120	9,2	145	12	~ 10
K^+	10	400	2,5	140	4	155	$\sim 40^{-1}$
Ca^{2+}	11	$3 \cdot 10^{-4}$	1,8	$3 \cdot 10^{-4}$	1,5	$< 10^{-4}$	$\sim 10^4$
Cl^-	540	40–100	120	3–4	123	4,2	*Unterschiedlich*
E_R/mV	−60		−90		−90		

2.3 Donnan-Verteilung und Nernst-Gleichung

Wie jedes thermodynamische System, so strebt auch die Zelle, die durch ihre Membran von der Umgebung getrennt ist, einem Fließgleichgewicht (*steady-state*) zu, wobei die thermodynamischen Kräfte mit anderen Kräften im Gleichgewicht sind. Für chemische Reaktionen und die Transportprozesse über die Zellmembran bedeutet das, dass das Produkt der Vorwärtsreaktionen gleich dem der Rückwärtsreaktionen ist, sofern keine zusätzliche Energie von außen zugeführt wird.

2.3.1 Donnan-Verteilung

Wir wollen jetzt zwei Kompartimente mit starren Wänden betrachten (O und I), die durch eine K^+- und Cl^--permeable Membran voneinander getrennt sind (s. ◼ Abb. 2.2). Zu einem der wassergefüllten Kompartimente fügen wir KCl hinzu. Nach einiger Zeit wird sich ein Gleichgewicht mit gleichen Ionenaktivitäten in den beiden Kompartimenten eingestellt haben; wir wollen annehmen, es seien jeweils 100 mM. Über zwei Ag/AgCl-Elektroden (s. ▶ Abschn. 3.4.1) kann die elektrische Potenzialdifferenz zwischen O und I gemessen werden.

Wir fügen jetzt zum Kompartiment I 50 mM eines Salzes KA hinzu, wobei das Anion A^- die Membran nicht permeieren kann. In Analogie zu den Bedingungen bei einer lebenden Zelle könnten diese Anionen den nicht permeablen negativ geladenen Proteinen im Zytoplasma entsprechen. Die Aktivität von K^+ in I ist jetzt höher als in O, sodass K^+ entlang seinem Gradienten von I nach O diffundiert. Eine grundlegende Regel der Elektrophysiologie ist das ***Prinzip der Elektroneutralität***; diesem Prinzip folgend muss ein permeierendes Kation von einem Anion begleitet werden, das in unserem Fall als einziges permeables Anion nur das Cl^- sein kann. Im *steady-state* wird K^+ in I immer noch höher sein als in O, aber Cl^- wird dann in I niedriger sein. Im *steady-state* ist der Fluss in Einwärtsrichtung (Influx: O → I) von KCl gleich dem Fluss in Auswärtsrichtung (Efflux: I → O). Diese Verteilung wird Donnan-Gleichgewicht genannt (Donnan 1911). Da die Rate des Influxes proportional zu $[K_O][Cl_O]$ ist, und die Rate des Effluxes proportional zu $[K_I][Cl_I]$ ist, gilt:

$$[K_I][Cl_I] = [K_O][Cl_O].$$

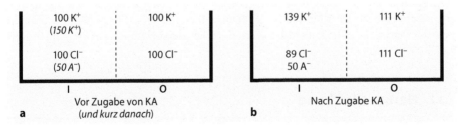

◼ **Abb. 2.2** Schematische Darstellung eines Experiments mit einer K^+- und Cl^--permeablen Membran. Die Zahlenwerte könnten Ionenaktivitäten in mM widerspiegeln. **a** repräsentiert den Zustand vor und **b** den nach Zugabe des K^+-Salzes KA

Für das Beispiel der Aktivitäten, die im obigen Beispiel eingesetzt wurden, erhalten wir für den Betrag x an Anionen oder Kationen, die von I nach O diffundiert sind:

$$(150 - x)(100 - x) = (100 + x)(100 + x)$$
$$\Rightarrow x \approx 11.$$

Aufgrund der nicht-permeablen Anionen A^- wird sich an der Membran wie an einem Kondensator eine elektrische Potenzialdifferenz ausbilden, wobei dann die Innenseite I negativ gegenüber der Außenseite O ist; dieses Potenzial wird als Donnan-Potenzial (E_d) bezeichnet. Für die Aktivitäten der permeablen Ionen auf der Seite I gilt entsprechend einer Boltzmann-Verteilung:

$$[K_I] = [K_O] \exp(-E_d F/RT)$$
$$[Cl_I] = [Cl_O] \exp(+E_d F/RT)$$

(vergleiche mit oben: $[K_O][Cl_O] = [K_I][Cl_I]$).
Für E_d erhalten wir:

$$E_d = -(RT/F) \ln([K_I]/[K_O]).$$

Da für die Seite I die Bedingung

$$[K_I] = [Cl_I] + [A^-]$$

gilt und wegen der Elektroneutralität $[K_O] = [Cl_O]$ gelten muss, erhalten wir mit $[K_O][Cl_O] = [K_I][Cl_I]$:

$$[K_I]([K_I] - [A^-]) = [K_O][Cl_O] = [K_O]^2$$

$$[K_I] = \frac{1}{2}[A^-] \pm \left([K_O]^2 + \frac{1}{4}[A^-]^2 \right)^{1/2}$$

$$E_d = -(RT/F) \ln([K_I]/[K_O]) = -(RT/F) \ln \left[\frac{[A]}{2[K_O]} + \left(\left(\frac{[A]}{2[K_O]} \right)^2 + 1 \right)^{1/2} \right].$$

Mithilfe dieser Beziehung lassen sich die möglichen Donnan-Potenziale für die Beispiele in ▫ Tab. 2.3 abschätzen, wenn wir die Konzentration der impermeablen Anionen A^- kennen und gleiche Permeabilitäten für die übrigen Anionen und Kationen annehmen.

In ▫ Tab. 2.4 werden die gemessenen Ruhepotenziale E_m mit E_d verglichen. Die Daten machen deutlich, dass die gemessenen Potenziale E_m wie auch die Amplitude eines Aktionspotenzials (positiv, s. ▫ Abb. 2.4) erheblich von dem Potenzialwert abweichen, der von einer Donnan-Verteilung bestimmt ist. Offensichtlich müssen andere Phänomene herangezogen werden, um das Zustandekommen des Potenzials bei Ruhe und Erregung erklären zu können.

2.3.2 Nernst-Gleichung

Wir wollen jetzt die Membran in unserem Modellsystem aus ▫ Abb. 2.2 durch eine ersetzen, die nur für eine Ionensorte permeabel ist. Das Verhältnis der Wahrscheinlichkeiten,

◼ Tabelle 2.4 Gemessene Membranpotenziale E_m und solche, die sich auf Grundlage der Daten von ◼ Tab. 2.3 berechnen lassen, E_d (Donnan-Potenzial), E_K, E_{Na}, E_{Cl} (entsprechende Nernst-Potenziale)

(mV)	Tintenfischaxon	Froschmuskel	Säugermuskel
E_m	−60	−90	−90
E_d	−9	−14	−16
E_K	−92	−100	−91
E_{Na}	+55	+64	+62
E_{Cl}	−51	−85	−84

ein permeables Ion auf der Seite I (p_I) oder der Seite O (p_O) zu finden, kann durch eine Bolzmann-Verteilung beschrieben werden:

$$p_I/p_O = \exp(-z(E_i - E_O)F/kT);$$

entsprechend erhalten wir für das Verhältnis der Ionenaktivitäten auf beiden Seiten

$$c_I/c_O = \exp(-z(E_i - E_O)F/RT).$$

Die Potenzialdifferenz, die man aufgrund des Aktivitätsgradienten im *steady-state* erhält, bezeichnet man als Nernst-Potenzial ΔE_N (Nernst 1888a, b):

$$\Delta E_N = -RT/zF \ln(c_I/c_O) = +RT/zF \ln(c_O/c_I).$$

Die Nernst-Potenziale für die wichtigsten Ionen sind ebenfalls in ◼ Tab. 2.4 angegeben. Ein Vergleich mit den gemessenen Potenzialen E_m ergibt, dass E_m weit entfernt von E_{Na}, aber zwischen den Werten von E_K und E_{Cl} liegt. Dies lässt vermuten, dass eine Zellmembran im Ruhezustand unterschiedliche Permeabilitäten für die unterschiedlichen Ionen aufweist, wobei K^+ und Cl^- höhere Permeabilitäten haben sollten als Na^+.

Der wesentliche Unterschied zwischen einem Donnan- und einem Nernst-Potenzial besteht darin, dass sich ein **Donnan-Potenzial** *einstellt, wenn* **alle Ionen außer einer Sorte permeabel** *sind, und ein* **Nernst-Potenzial,** *wenn* **alle Ionen außer einer Sorte impermeabel** *sind.*

2.4 Goldman-Hodgkin-Katz-Gleichung

Kleine Ionen sind normalerweise hoch hydrophile Teilchen und können daher nicht die Lipidphase der Membran durchqueren. Der Transport über die Phospholipiddoppelschicht wird durch die Transportproteine ermöglicht, die in die Membran eingebettet sind und hydrophile Domänen besitzen, mit denen die Ionen wechselwirken können. Unter diesen Domänen kann man sich Stellen vorstellen, an die die Ionen bei ihrer Passage über die Membran vorübergehend binden können. Mathematisch lässt sich ein solcher Transport auf zwei unterschiedliche Weisen beschreiben:

a. *Diskrete Beschreibung*: Bei dieser Vorgehensweise wird eine Folge von Bindungsstellen angenommen; um die Membran zu überqueren, hüpfen die Ionen dann von Bindungsstelle zu Bindungsstelle. Dieses Hüpfen lässt sich mithilfe der „Theorie der absoluten Reaktionsraten" beschreiben (Glasstone et al. 1941) (s. ▶ Abschn. 5.1.2).

b. *Kontinuierliche (klassische) Beschreibung*: Diese Vorgehensweise basiert auf dem Konzept der freien Diffusion, wobei angenommen wird, dass die Ionen kontinuierlich eine homogene Membranphase überqueren (Goldman 1943).

In der Einführung haben wir bereits darauf hingewiesen, dass im *steady-state* der Nettostrom I für die passiv diffundierenden Ionen verschwinden muss. Es gilt demnach:

$$I_{Na} + I_K + I_{Cl} = I = 0,$$

wenn Na^+, K^+ und Cl^- die permeablen Ionen sind. Der Strom, der von einer einzelnen Ionensorte mit der Aktivität c herrührt, wird durch zwei „Kräfte" getrieben: durch den Aktivitätsgradienten dc/dx und den elektrischen Potenzialgradienten dE/dx. Das elektrochemische Potenzial ist definiert durch

$$\frac{d\mu}{dx} = \frac{d}{dx}\left[\mu^o + RT\ln(c)\right] + zF\frac{dE}{dx},$$

wobei μ^o das chemische Potenzial bei Standardbedingungen ist. Unter der Voraussetzung, dass sich die Ionen unabhängig voneinander bewegen, wird der Strom I_c für jede Ionensorte c durch die Nernst-Planck-Gleichung beschrieben (Nernst 1888a, Planck 1890a, b):

$$I_c = -zFD_x\left[\frac{dc_x}{dx} + \left(\frac{zFc_x}{RT}\right)\frac{dE}{dx}\right]$$

mit dem ionenspezifischen Diffusionskoeffizienten D, der mit der Beweglichkeit u über die Nernst-Einstein-Beziehung in Zusammenhang steht:

$$D = \frac{RT}{zF}u.$$

Die Flusskomponente Φ_c, die durch den chemischen Gradienten getrieben wird, und die Flusskomponente Φ_E, die durch den elektrischen Gradienten getrieben wird, sind

$$\Phi_C = -D\frac{dc}{dx} \quad \text{und} \quad \Phi_E = -zuc\frac{dE}{dx}.$$

Im Falle nur einer Ionensorte und wegen $I = 0$ führt die Integration der Nernst-Planck-Gleichung zur bekannten Nernst-Gleichung für das Diffusionspotenzial:

$$E = E_{Nernst} = \frac{RT}{zF}\ln\left(\frac{c_o}{c_i}\right) = -\frac{RT}{zF}\ln\left(\frac{c_i}{c_o}\right)$$

unter Berücksichtigung von

$$\frac{dc}{dx} = c\frac{d\ln(c)}{dx}.$$

Im Falle mehrerer permeabler Ionensorten muss die Nernst-Planck-Gleichung für jede Ionensorte c separat integriert werden, was in der folgenden Form geschrieben werden kann:

$$I_c = -\frac{zFD_x}{e^{zEF/RT}}\frac{d(c_x e^{zEF/RT})}{dx} = -zF\frac{c_i e^{-zEF/RT} - c_o}{\int_0^a \frac{e^{zEF/RT}}{D_x}dx}$$

mit den Grenzbedingungen $E(0) = E_o = 0$ und $E(a) = E_i = -E$ auf der Außen- bzw. Innenseite der Membran.

Drei Annahmen sind notwendig, um die Nernst-Planck-Gleichungen integrieren zu können:
1. die bereits gemachte Annahme der **Unabhängigkeit** der Ionenbewegungen,
2. ein *konstanter Diffusionskoeffizient* (**homogene Membranphase**) und
3. ein linearer Verlauf des Potenzials E in der Membran mit der Dicke a (**konstantes Feld**).

Die Integration führt dann zur Goldman-Hodgkin-Katz (GHK)-Gleichung (Goldman 1943; Hodgkin und Katz 1949) für den Strom, die gelegentlich auch als *constant field*-Gleichung bezeichnet wird:

$$I_c = (zF)^2\frac{E}{RT}\frac{D_c}{a}\frac{\left[c_i e^{zEF/RT} - c_o\right]}{e^{zEF/RT} - 1}.$$

Aufgrund der unabhängigen Ionenbewegungen kann der Strom I_c als Summe der unidirektionalen Komponenten $-I_{in}$ und I_{eff} beschrieben werden:

$$I_c = -I_{in} + I_{eff},$$

wobei, entsprechend der Unabhängigkeit, $I_{in} \propto c_o$ und $I_{eff} \propto c_i$ ist. Wir erhalten:

$$I_{eff} = \frac{(zF)^2 E}{RT}P_c\frac{c_i}{1 - e^{-zEF/RT}}$$

$$I_{in} = \frac{(zF)^2 E}{RT}P_c\frac{c_o}{1 - e^{+zEF/RT}}$$

mit ionenspezifischen Permeabilitätskoeffizienten $P_c = D_c/a$.

Für das unidirektionale Stromverhältnis, auch als Ussing-Flussverhältnis bezeichnet (Ussing 1949), erhalten wir:

$$\left|\frac{I_{eff}}{I_{in}}\right| = \frac{c_i}{c_o}e^{zEF/RT}.$$

Dieses Flussverhältnis ist in verschiedenen Präparaten erfolgreich getestet worden. Allerdings wurden auch zahlreiche Abweichungen von der Ussing-Gleichung gefunden, was als Hinweis dafür gewertet werden kann, dass mindestens eine der obigen Annahmen nicht gerechtfertigt war und die diskrete Ionenbewegung eine bessere Beschreibung liefern kann (s. ▶ Abschn. 5.1.2).

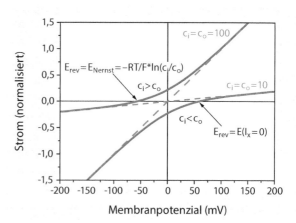

Abb. 2.3 Strom-Spannungs-beziehungen für eine Ionensorte entsprechend der GHK-Gleichung (mit $z > 0$)

Eine wichtige elektrophysiologische Vorgehensweise ist die Analyse von Strom-Spannungsabhängigkeiten (IV-Beziehungen); sie ermöglichen z. B. die Charakterisierung von Transportmechanismen oder der Wirkung von Pharmaka. Während das ohmsche Gesetz eine lineare Strom-Spannungsbeziehung beinhaltet, ($I = V/R_\Omega$ oder $I = E/R_\Omega$), sagt die GKH-Gleichung Linearität nur bei symmetrischen Konzentrationen ($c_i = c_o = c_{sym}$) voraus mit

$$I = \frac{(zF)^2}{RT} P \cdot c_{sym} \cdot E \quad \text{und} \quad R_\Omega = \frac{RT}{(zF)^2} \frac{1}{P \cdot c_{sym}}.$$

In allen anderen Fällen erhält man nichtlineare Abhängigkeiten (s. ■ Abb. 2.3) mit variabler Leitfähigkeit, wobei man von variabler *slope* oder *chord conductance* spricht.

Um die Spannungsabhängigkeit einer bestimmten Stromkomponente zu ermitteln, muss diese aus dem Gesamtmembranstrom extrahiert werden. Das lässt sich entweder dadurch erreichen, dass man alle anderen Leitfähigkeiten blockiert, oder dadurch, dass man den zu analysierenden Strom blockiert und diesen dann ermittelt, indem man den Differenzstrom in Abwesenheit und Gegenwart des Inhibitors bestimmt. Natürlich setzen diese Vorgehensweisen wieder das Unabhängigkeitsprinzip voraus. Gekrümmte IV-Beziehungen werden tatsächlich häufig experimentell beobachtet. Wir sollten aber in Erinnerung behalten, dass die Ableitung der GHK-Gleichung auf drei Annahmen basierte (s. weiter oben im ▶ Abschn. 2.4), die alle eine gewisse Fragwürdigkeit haben.

Für eine einzelne permeable Ionensorte gibt es ein Potenzial, bei dem sich die Stromrichtung umkehrt. Dieses sogenannte Umkehrpotenzial ist durch $I_{in} = I_{eff}$ oder $I_c = 0$ gegeben und wird durch die Nernst-Gleichung beschrieben. Tragen mehrere Leitfähigkeiten zum Membranpotenzial bei, lässt sich das Umkehrpotenzial berechnen, indem man die Ausdrücke der GHK-Gleichung für den entsprechenden Strom addiert und die Summe gleich null setzt (*steady-state*: $\sum I_c = 0$). In unserem einfachen Beispiel für Na^+-, K^+- und Cl^--selektive Permeabilitäten erhält man die folgende GHK-Gleichung für das Umkehrpotenzial:

$$E_{GHK} = E_{rev} = \frac{RT}{F} \ln \left(\frac{P_{Na} [Na]_o + P_K [K]_o + P_{Cl} [Cl]_i}{P_{Na} [Na]_i + P_K [K]_i + P_{Cl} [Cl]_o} \right).$$

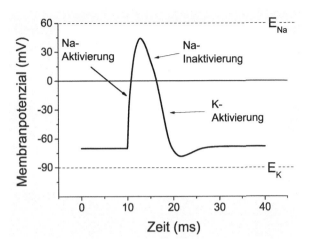

Abb. 2.4 Einfache Erklärung für die Potenzialänderungen während eines Aktionspotenzials auf der Grundlage der GHK-Gleichung für das Potenzial

Für eine einzelne Ionensorte geht diese Gleichung in die Nernst-Gleichung über. Die GHK-Gleichung für das Potenzial ermöglicht die Angabe des Membranpotenzials, wenn die relativen Permeabilitäten und die Ionenaktivitäten bekannt sind; umgekehrt lassen sich die relativen Permeabilitäten aus Messungen des Membranpotenzials bei verschiedenen vorgegebenen Ionenaktivitäten ermitteln. Im Folgenden wollen wir zwei einfache Beispiele für die Anwendung der GHK-Gleichung geben:

a. *Das Aktionspotenzial*: Nach Hodgkin und Huxley (1952) (s. ▶ Abschn. 6.1.2) sind bei erregbaren Membranen die Permeabilitäten für Na^+ und K^+ zeit- und potenzialabhängig. Im Ruhezustand ist die Membran vorwiegend für K^+ permeabel ($P_K \gg P_{Na}$), und somit liegt das Ruhe-Membranpotenzial nahe dem Nernst-Potenzial für K^+ (E_K) entsprechend der GHK-Gleichung:

$$E_{GHK} = E_{rev} = \frac{RT}{F} \ln \left(\frac{P_{Na}\,[Na]_o + P_K\,[K]_o}{P_{Na}\,[Na]_i + P_K\,[K]_i} \right).$$

Während des Entstehens eines Aktionspotenzials nimmt die Permeabilität für Na^+ sehr schnell und dramatisch zu ($P_{Na} \gg P_K$), und das Membranpotenzial nähert sich dem Nernst-Potenzial für Na^+ (E_{Na}) (s. ■ Abb. 2.4). Mit einer allmählichen Zunahme der K^+-Permeabilität und einer spontanen Inaktivierung der Na^+-Permeabilität kehrt das Membranpotenzial wieder zu seinem Ausgangswert zurück. Der gesamte Prozess spielt sich im Millisekundenbereich ab.

b. *Bi-ionische Bedingungen* zur Bestimmung von Permeabilitätsverhältnissen: Bi-ionisch bedeutet, dass wir nur eine permeable Ionensorte A auf der Außenseite der Membran haben und auf der Innenseite nur eine permeable Ionensorte B. Dann ist das Umkehrpotenzial entsprechend der GHK-Gleichung gegeben durch

$$E_{rev} = \frac{RT}{F} \ln \left(\frac{P_A[A]_o}{P_B[B]_i} \right).$$

Für den besonders einfachen Fall, dass zusätzlich $[A]_o = [B]_i$ ist, gibt das Umkehrpotenzial direkt das Permeabilitätsverhältnis zwischen A und B an. Unterschiede in der Permeabilität können darauf zurückgeführt werden, dass für die Ionen A und B unterschiedliche ionenspezifische Permeabilitätswege existieren oder dass ein gemeinsamer Weg von den beiden Ionen nicht gleich gut passiert werden kann. Bereits dieses Beispiel macht deutlich, wie fragwürdig das Unabhängigkeitsprinzip unter bestimmten Bedingungen sein kann.

2.5 Übungsaufgaben

1. Wie groß ist RT/F in mV-Einheiten?
2. Wie groß ist die spezifische Membrankapazität? Warum ist diese eine biophysikalisch wichtige Größe?
3. Geben Sie die Verhältnisse der Ionenaktivitäten zwischen dem extrazellulären Raum und dem Zytoplasma für einen bestimmten Zelltyp an. Wie groß sind die Ionenaktivitäten bei dieser Zelle?
4. Unter welchen Bedingungen erwarten wir ein Donnan-Potenzial, unter welchen ein Nernst-Potenzial an der Membran?
5. Berechnen Sie das Donnan-Potenzial für die Ionenverteilungen in ▢ Tab. 2.3.
6. Welches sind die Grundlagen und Annahmen für die Aufstellung der GHK-Gleichung?
7. Schreiben Sie die GHK-Gleichung für den Strom nieder. Wodurch zeichnet sich die GHK-Gleichung bezüglich der Strom-Spannungsabhängigkeiten aus?
8. Leiten Sie die GHK-Gleichung für das Potenzial von den Stromgleichungen ab. Diskutieren Sie anhand der Gleichung die Änderungen während eines Aktionspotenzials.

Literatur

Donnan FG (1911) Theorie der Membrangleichgewichte und Membranpotentiale bei Vorhandensein von nicht dialysierenden Elektrolyten. Zeitschrift Für Elektrochemie 17:572–581
Glasstone SK, Laidler J, Eyring H (1941) The theory of rate processes. McGraw-Hill, New York
Goldman D (1943) Potential, impedance and rectification in membranes. J Gen Physiol 27:37–60
Hille B (2001) Ionic Channels of Excitable Membranes, 3. Aufl. Sinauer, Sunderland
Hodgkin AL, Huxley AF (1952) A quantitative description of membrane current and its application to conductance and excitation innerve. J Physiol 117:500–544
Hodgkin AL, Katz B (1949) The effect of sodium ions on the electrical activity of the giant axon of the squid. J Physiol (lond) 108:37–77
Nernst W (1888a) Die elektromotorische Wirksamkeit der Ionen. Zeitschrift Für Phys Chem 4:129–181
Nernst W (1888b) Zur Kinetik der in Lösung befindlichen Körper. Zeitschrift Für Phys Chem 2:613–637
Planck M (1890a) Ueber die Erregung von Elektrizität und Wärme in Elektrolyten. Ann Phys Chem 39:161–186
Planck M (1890b) Ueber die Potentialdifferenz zwischen zwei verdünnten Lösungen binärer Elektrolyte. Ann Phys Chem 40:561–576
Ussing HH (1949) The distinction by means of tracers between active transport and diffusion. Transfer of iodide across isolated frog skin. Acta Physiol Scand 19:43–56

Methodische Grundlagen

© Springer-Verlag GmbH Deutschland, ein Teil von Springer Nature 2018
J. Rettinger, S. Schwarz, W. Schwarz, *Elektrophysiologie*, https://doi.org/10.1007/978-3-662-56662-6_3

Die Elektrophysiologie beschäftigt sich mit der Analyse von elektrischen Eigenschaften und Signalen, die man in biologischen Präparaten untersuchen kann. In ▶ Kap. 2 haben wir den theoretischen Hintergrund angerissen, dessen Kenntnis wesentlich ist, um die elektrischen Phänomene an einer Zellmembran beschreiben und verstehen zu können. In diesem Kapitel wollen wir über grundlegende Methoden sprechen, mit deren Hilfe wir Kenntnisse über die elektrischen Phänomene sammeln können. Als wir die GHK-Gleichung für das Potenzial diskutiert haben, haben wir auch kurz erwähnt, dass Aktionspotenziale in erregbaren Zellen (Nerven- und Muskelzellen) durch sich verändernde ionenspezifische Permeabilitätsverhältnisse bestimmt sind. Aber auch in anderen, nicht erregbaren Zellen wird das Membranpotenzial durch zeit- und spannungsabhängige Permeabilitäten beherrscht, und diese Mechanismen bestimmen zu einem erheblichen Teil die Funktion einer Zelle. Veränderungen in den elektrophysiologischen Eigenschaften deuten häufig auf Fehlfunktionen bei Krankheiten hin, oder ihnen kommt eine physiologisch regulatorische Rolle zu.

Um Veränderungen in der Membranpermeabilität analysieren zu können, stehen dem Forscher verschiedene Techniken zur Verfügung. Wir wollen jetzt solche Techniken vorstellen und klassifizieren, indem wir mit Verfahren beginnen, die am lebenden Organismus eingesetzt werden (vorwiegend für medizinisch-diagnostische (z. B. EKG) oder therapeutische (z. B. Elektroschock) Zwecke), und schließlich mit Methoden enden, die es erlauben, die Funktion einzelner Membranproteine zu untersuchen. Gerade diese Methoden werden heute intensiv genutzt, um Regulations- und Wirkungsmechanismen sowie Struktur-Funktionsbeziehungen aufzuklären.

3.1 Ableitung elektrischer Signale von der Körperoberfläche

In der medizinischen Diagnostik haben sich verschiedene Techniken etabliert, um elektrische Signale von der Körperoberfläche ableiten zu können. Einige dieser Techniken sind in ◘ Tab. 3.1 zusammengestellt. Ableitungen von der Körperoberfläche sind möglich, da, vereinfacht gesprochen, der tierische Körper einen Elektrolytcontainer ($\approx$ 150 mM NaCl) darstellt. Bringt man an der Körperoberfläche Elektroden an, können winzige elektrische Signale detektiert werden, die ihren Ursprung im Inneren des Körpers haben und zur Oberfläche geleitet werden. Zu Beginn des vergangenen Jahrhunderts gelang es dem holländischen Physiologen Willem Einthoven (1925), mit einem Saitengalvanometer und einem Projektionsmikroskop charakteristische Potenzialschwankungen an der Körperoberfläche zu detektieren, die sich im Herzrhythmus wiederholten (Nobelpreis 1924). Während der darauffolgenden Jahrzehnte konnte gezeigt werden, dass diese Signale von der Aktivität des schlagenden Herzens herrühren. Die Registrierungen werden Elektrokardiogramm oder kurz EKG genannt.

◘ Abb. 3.1 zeigt schematisch das typische Muster eines EKGs, das man zwischen dem linken Bein und dem linken und rechten Arm ableiten kann; das QRST-Muster wiederholt sich mit der Frequenz des Herzschlags. Für die medizinische Nutzung wurden internationale Standards eingeführt, wie die Lokalisierung der Ableitelektroden, die Geschwindigkeit des Aufzeichnungsgeräts sowie die Zeitkonstanten und die Filter des Verstärkersystems.

Bevor wir uns mit dem EKG detaillierter auseinandersetzen, sollten Sie sich anhand ◘ Abb. 3.2 die Funktion des Herzens als Pumpe in Erinnerung rufen.

Tabelle 3.1 Elektromedizinische Verfahren

Für die Diagnose		Für die Therapie		
Elektrodermatografie		Elektroschock (Defibrillation)		
Elektrogastrografie (von der Oberfläche oder intragastral)	EGG	Elektroschlaftherapie		
Elektrocochleografie		Elektroneuraltherapie (Elektroakupunktur)		
Elektrokardiografie	EKG	Elektrogymnastik		
Elektroenzephalografie	EEG	Elektrokoagulation		
Elektroneurografie (Leitungsmuster)	ENG	(Elektronarkose) (Elektro-tetanustherapie)	*Nicht mehr in Benutzung wegen unkontrollierter Schäden*	
Elektrospinografie				
Elektrookulografie Elektroretinografie Elektronystagmografie	EOG			
Elektromyografie	EMG			

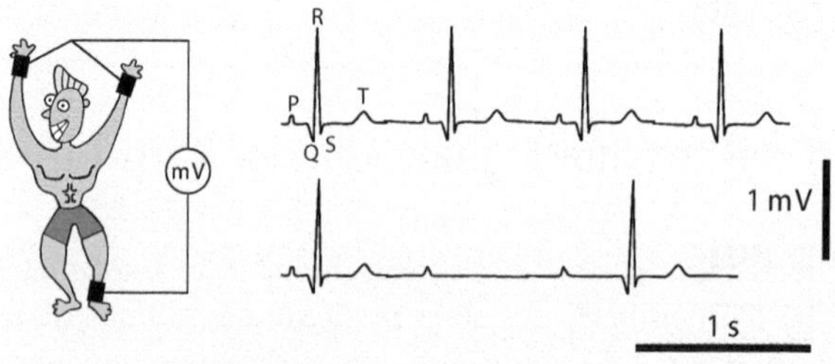

Abb. 3.1 Von menschlichen Extremitäten (*links*, modifiziert nach Cartoon aus CoralDraw Clip Art) abgeleitete, symbolisierte Potenzialänderungen (EKG), die mit dem Herzrhythmus wiederkehren. Die *obere Spur* zeigt schematisch typische PQRST-Wellen (s. ▶ Abschn. 3.2.2 und **□** Abb. 3.7), die *untere Spur* gibt die Situation nach einem atrioventrikulären Block wieder

Das aus dem Körper zurückkehrende venöse Blut wird vom rechten Vorhof aufgenommen und vom rechten Ventrikel über die Lunge, wo der CO_2/O_2-Austausch stattfindet, dem linken Vorhof zugeführt. Vom linken Ventrikel, der wesentlich kräftiger ausgebildet ist als der rechte, wird das Blut in den großen Körperkreislauf gepresst.

Die Kontraktion einer Herzmuskelfaser, wie die einer Skelettmuskelfaser, wird durch ein Aktionspotenzial ausgelöst, das sich über die Membran der Zellfaser ausbreitet und zu einer Erhöhung der zytoplasmatischen Ca^{2+}-Aktivität führt. Grundlage für eine korrekte Funktion des Herzmuskels ist die kontrollierte räumliche und zeitliche Erregungsausbreitung, anders als bei der Skelettmuskulatur, wo alle Muskelfasern gleichzeitig erregt sein können. Schnelle erregungsleitende Fasern sorgen im Herzen für die richtige Erregungsausbreitung, sodass zu einem gegebenen Zeitpunkt immer nur ein ganz bestimmter Bereich der Muskulatur in Erregung und der Rest unerregt ist. Mit Elektroden an der

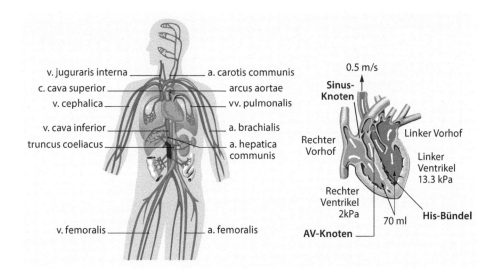

◾ Abb. 3.2 Funktion des Herzens als Pumpe (basierend auf CorelDraw ClipArt)

Körperoberfläche (z. B. am rechten Arm und linken Bein) können dann elektrische Potenzialschwankungen abgeleitet werden, wie sie in ◾ Abb. 3.1 illustriert sind.

3.2 EKG als Beispiel

3.2.1 Elektrophysiologische Grundlagen

Wir wollen im Folgenden Grundlagen diskutieren, um das Zustandekommen eines EKGs zu verstehen (für Einzelheiten s. z. B. Katz 1977). Dafür betrachten wir zunächst die Membran einer Muskelfaser. Wegen der ionenselektiven Membranpermeabilitäten und der unterschiedlichen Ionenkonzentrationen im extrazellulären Raum und im Zytoplasma weist die ruhende Membran ein auf der Innenseite negatives Potenzial gegenüber der Außenseite auf, bzw. die Außenseite ist positiv gegenüber der Innenseite, und zwar um etwa 80 mV. An einer erregten Stelle wurde ein Aktionspotenzial erzeugt, sodass sich entsprechend unserer früheren Diskussion die Permeabilitätsverhältnisse ändern und das Membranpotenzial depolarisiert. Im Maximum des Aktionspotenzials wird die Membranaußenseite sogar negativ gegenüber der Innenseite (ca. −50 mV, s. ◾ Abb. 3.3).

◾ Abb. 3.3 Symbolisierter momentaner Zustand einer Membran, über die sich ein Aktionspotenzial ausbreitet. Der Prozess der Erregungsausbreitung kann als zeitlich sich verändernder Dipol beschrieben werden. Zu beachten ist, dass hier die Polarität im Gegensatz zur normalen elektrophysiologischen Nomenklatur ist, diese aber häufig bei medizinischen Ableitungen von der Körperoberfläche benutzt wird

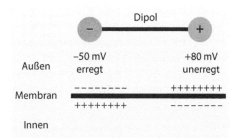

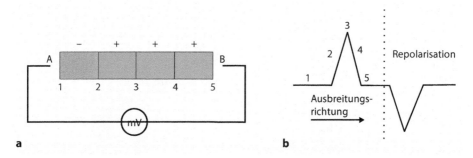

Abb. 3.4 Muskelfaser als elektrischer Dipol und Veränderungen in der Potenzialdifferenz zwischen den beiden Enden während einer Erregungsausbreitung von *A* nach *B*

Von außen betrachtet ist das erregte Areal negativ gegenüber dem unerregten; positive Ladungen stehen negativen gegenüber. Mit dieser qualitativ akzeptablen Vereinfachung lässt sich dieser Abschnitt der Zellmembran als elektrischer Dipol beschreiben. In entsprechender Weise können wir auch eine ganze Muskelfaser in einem momentanen Erregungszustand als Dipol behandeln. Zunächst betrachten wir eine unerregte symbolisierte Muskelfaser (s. Abb. 3.4).

Zwei extrazelluläre Elektroden befinden sich an den Stellen A und B. Da die Oberfläche im ruhenden Zustand überall positiv gegenüber dem Zytoplasma ist, wird man keine Potenzialdifferenz zwischen A und B registrieren. Jetzt soll an der Stelle A eine Erregung ausgelöst werden, sodass ein Aktionspotenzial beginnt, sich von A nach B hin auszubreiten. Nach kurzer Zeit wird ein bestimmter Abschnitt der Muskelfaser erregt und damit die Außenseite negativ sein. Die Zelle stellt nun einen Dipol dar, und wir können zwischen A und B eine Potenzialdifferenz registrieren. Als allgemeine Regel gilt, dass die Stelle, von der die Erregung ausgegangen ist, als Referenz genommen wird. Die gemessene Potenzialdifferenz ist somit positiv und wird umso größer, je weiter sich die Erregung ausbreitet. Ist die Mitte der Zelle erreicht, erhalten wir ein Maximum. Bei der vollständig erregten Zelle ist die Potenzialdifferenz dann wieder auf null zurückgefallen; die Zelloberfläche ist überall negativ. Mit dieser Art extrazellulärer Ableitung können wir nicht unterscheiden, ob sich eine Zelle vollständig im Ruhezustand oder in Erregung befindet. Das gilt natürlich auch für das gesamte Herz, wenn wir ein EKG ableiten; nur zeitliche und räumliche Änderungen können registriert werden. An der Stelle der Muskelfaser, von der die Erregung zunächst ausgegangen war, wird auch die Repolarisation zuerst einsetzen. Die Außenseite wird hier wieder positiv, während die noch erregten Areale weiterhin negativ sind. Wir werden daher eine negative Potenzialdifferenz registrieren mit einem Minimum, sobald die Hälfte der Zelle den Ruhezustand erreicht hat; bei der vollständig ruhenden Zelle ist die Potenzialdifferenz dann wieder null, und der Zyklus kann aufs Neue beginnen.

Im Herzen wird nicht nur eine einzelne Zelle aktiviert, sondern die Erregung breitet sich in charakteristischer Weise räumlich und zeitlich über das ganze Herz aus. Wie zuvor stehen erregte (also negative) Areale unerregten (also positiven) gegenüber. Die Verteilung der Ladungen kann zumindest qualitativ durch einen einfachen Dipol beschrieben werden, der zeitlich seine Größe und Orientierung ändert. Im Allgemeinen werden die Elektroden nun nicht direkt am Herzen lokalisiert, sondern an der Körperoberfläche.

Abb. 3.5 **a** Symbolisiertes Herz als Dipol im Zentrum eines Elektrolytcontainers. Die Größe des Dipolmoments in Ableitrichtung (die einen Winkel α mit dem Dipol bildet) ist durch die Projektion auf die Ableitrichtung gegeben: $p \cos \alpha$ (**b**)

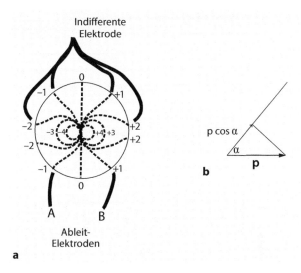

Die Situation ist schematisch in ☐ Abb. 3.5a illustriert. Der Dipol (p) (☐ Abb. 3.5b) im Zentrum stellt einen bestimmten Erregungszustand des Herzens im Körper dar. Die rechte Hälfte des symbolischen Herzens ist unerregt, also positiv, die linke Hälfte erregt und damit negativ. Der resultierende Dipol befindet sich in unserem Körper, der zu einem großen Teil von einer Elektrolytlösung eingenommen wird und den wir vereinfacht als einen homogenen Leiter betrachten wollen. In ☐ Abb. 3.5a sind die Äquipotenziallinien als gestrichelte Linien dargestellt; jeder Punkt auf einer gegebenen Linie hat das gleiche Potenzial. Die Linien in der Hälfte des negativen Pols entsprechen negativen Potenzialen und umgekehrt.

Die Abhängigkeit des Potenzials von der Entfernung zum Dipol (r) und der Abweichung von der Dipolachse (α) folgt unter der vereinfachenden Annahme eines unendlichen homogenen Mediums und weit entfernt von dem Dipol mit dem Moment $p = qa$ (mit Ladungen q, die den Abstand a und mit einem Winkel α zur Ableitrichtung) der Beziehung:

$$E = \frac{1}{4\pi\varepsilon\varepsilon_0} \frac{p \cos \alpha}{r^2}$$

Dabei handelt es sich offensichtlich um Annahmen, die für eine quantitative, reale Beschreibung der Erregung des Herzens in unserem Körper sicherlich nicht zutreffen, um ein rein qualitatives Bild zu bekommen, hier aber benutzt werden können. Die Potenzialdifferenz zwischen zwei Oberflächenpunkten ist durch die Projektion des Dipolvektors auf die Ableitrichtung gegeben. Ist die Ableitrichtung senkrecht zu p, wird keine Potenzialdifferenz feststellbar sein.

3.2.2 Aktivierung des Herzmuskels

Während des Erregungsprozesses im Herzen wird sich der Dipolvektor nach Größe und Orientierung zeitlich synchron mit dem Herzzyklus ändern. Wir wollen jetzt die Bewegung eines solchen Vektors während der Erregungsausbreitung über die Ventrikel verfolgen.

Durch spezialisierte erregungsinitiierende und erregungsleitende Zellen beginnt die Aktivierung des Herzens am Septum des linken Ventrikels (s. ☐ Abb. 3.2 und ☐ Abb. 3.6). Die Erregungsfront kann durch eine Summe von Dipolvektoren beschrieben werden; der resultierende Vektor ist in ☐ Abb. 3.6 durch die Nummer 1 gekennzeichnet. Zu einem späteren Zeitpunkt ist die Erregung bis zur Herzspitze fortgeschritten; der resultierende Dipolvektor ist durch die Nummer 2 gekennzeichnet. Wegen der großen Masse des Herzmuskels ist die Größe des Vektors angewachsen. Wenn der größte Teil des Herzens aktiviert ist, ist der Vektor wieder kleiner (s. Nummer 3 in ☐ Abb. 3.6). Die drei Vektoren repräsentieren drei verschiedene momentane Zustände während des Herzzyklus, beginnend mit den ruhenden Ventrikeln, wo das Dipolmoment null ist. Ein verschwindendes Dipolmoment erhalten wir auch beim vollständig aktivierten Herzen. Während des Zyklus durchläuft die Spitze des Vektors eine Schleife, wie sie in ☐ Abb. 3.7a angezeigt ist.

Wir wollen jetzt überlegen, wie sich die Potenzialdifferenz für den Fall ändert, wenn man zwischen zwei Punkten an der Körperoberfläche ableitet. Eine typische Ableitmethode besteht darin, das Potenzial am linken Bein gegenüber einer sogenannten indifferenten Elektrode zu messen, die aus zwei Elektroden an den Armen gebildet wird. ☐ Abb. 3.7 zeigt schematisch die Schleife des Dipolvektors im Körper. Die Änderungen in der Potenzialdifferenz zwischen dem linken Bein und der indifferenten Elektrode ergibt sich als Projektion des Vektors auf die Ableitrichtung, die durch die gestrichelte Linie angedeutet ist. Das resultierende Signal besteht aus drei Zacken, die mit QRS gekennzeichnet sind (☐ Abb. 3.7b). In einem normalen EKG können derartige Zacken in der Tat identifiziert werden. Zusätzlich tauchen dort noch sogenannte P- und T-Wellen auf, die der Aktivierung der Vorhöfe bzw. der Repolarisation zugeordnet werden können (s. auch ☐ Abb. 3.1). Man kann sich leicht vorstellen, wie Abweichungen vom normalen EKG als Veränderungen in der Erregungsausbreitung interpretiert werden können. ☐ Abb. 3.1 zeigt als ein Beispiel schematisch die Auswirkung eines atrioventrikulären Blocks, wo das Ventrikelmyokard seine autonome Aktivität (bestimmt durch den AV-Knoten, s. ☐ Abb. 3.2) mit

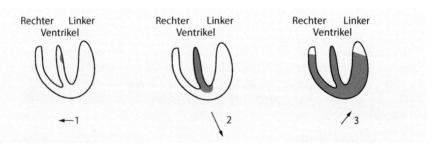

☐ **Abb. 3.6** Drei verschiedene Zustände während der Erregungsausbreitung in den Ventrikeln des Herzens. Die *Pfeile* repräsentieren die Orientierung und Größe des resultierenden Dipolvektors. *Dunkle Bereiche* kennzeichnen erregte Areale

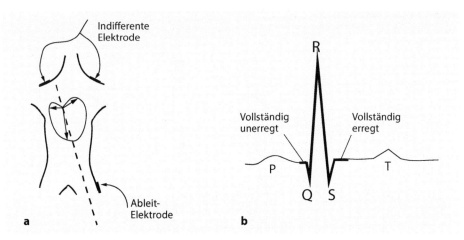

Abb. 3.7 Bewegung des Dipolvektors im Körper (**a**) und resultierende Potenzialdifferenz (**b**), die zwischen dem linken Bein und der indifferenten Elektrode abgeleitet werden kann (zu bemerken ist, dass die Elektroden in Realität an den entsprechenden Arm- und Fußgelenken angebracht werden)

langsamerer Rate offenbart; die P-Wellen, die durch den Sinusknoten mit seiner schnelleren Rate gesteuert werden, treten mit der gleichen Frequenz wie im gesunden Herzen auf.

3.3 Ableitung elektrischer Signale von Zellgewebe

In diesem Abschnitt wollen wir nur ganz kurz anhand von drei Beispielen veranschaulichen, welche Informationen sich aus Ableitungen von Zellkomplexen (Gewebe) für ein besseres Verständnis elektrophysiologischer Prozesse gewinnen lassen.

3.3.1 Intrakardiales Elektrogramm

Die elektrischen Eigenschaften des schlagenden Herzens, wie sie in ▶ Abschn. 3.2 diskutiert wurden, lassen sich genauer verfolgen, wenn die Elektroden über Katheter direkt ins Herz gebracht werden. Ein so registriertes intrakardiales Elektrogramm kann natürlich Details zeigen, die im normalen EKG nicht sichtbar werden (s. schematische ▪ Abb. 3.8). Wir wollen jetzt nicht weiter auf diese Details eingehen, sondern diese Beobachtung lediglich als Beispiel dafür nehmen, dass der direkte Kontakt zwischen den Elektroden und dem Gewebe zusätzliche Informationen liefert.

3.3.2 Ussing-Kammer

Im Zusammenhang mit Ableitungen von Gewebe oder Zellkomplexen darf die klassische Ussing-Kammer nicht unerwähnt bleiben (Ussing und Zerahn 1951), erlaubt sie es doch,

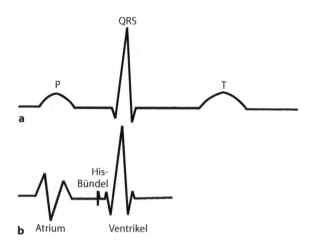

◻ Abb. 3.8 Konventionelles EKG
(**a**) im Vergleich zum intrakardialen
Elektrogramm (**b**)

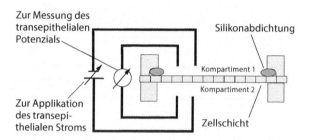

◻ Abb. 3.9 Ussing-Kammer mit
isolierter Zellschicht zwischen
zwei Kompartimenten und mit
Elektroden zur Stromapplikation
und Potenzialmessung

grundlegende Informationen über die Funktion von epithelialen Zellschichten zu gewinnen. Das Prinzip ist in ◻ Abb. 3.9 dargestellt.

Mit diesem Verfahren können Potenzialdifferenzen gemessen werden, die zwischen den beiden Seiten einer Epithelschicht bestehen. Außerdem ist es möglich, Strompulse zu applizieren und die resultierenden Potenzialänderungen zu verfolgen. Ein häufig angewandtes Vorgehen besteht darin, den Strom zu messen, der notwendig ist, das transepitheliale Potenzial auf 0 mV zu bringen. Mit identischen Lösungen auf beiden Seiten der Zellschicht sollte dafür kein Strom notwendig sein. Das Auftreten eines Stroms (Kurzschlussstrom) deutet auf einen elektrogenen, aktiven Transport hin.

3.3.3 Ableitungen vom Gehirn

Wie beim intrakardialen Elektrogramm können wesentlich detailliertere Informationen über die elektrische Aktivität des Gehirns gewonnen werden, wenn Elektroden gezielt an Stellen direkt im Gehirn implantiert werden, anstatt sie auf dem Schädel zu platzieren.

Eine äußerst erfolgreiche Methode, um Informationen zum Verständnis der Hirnfunktionen zu gewinnen, ist die Anwendung der Voltage-Clamp-Technik (s. ▶ Abschn. 3.4.5 und ▶ Abschn. 3.5.1) an Gehirnschnitten. Ein Beispiel zeigt ◻ Abb. 3.10.

◻ Abb. 3.10 Neuron aus dem periaquäduktalen Grau-Areal (PGA) des Gehirns einer Ratte, das im Kontakt mit einer Patch-Pipette ist (von Shuanglai Ren und Wolfgang Schwarz (unpubliziert))

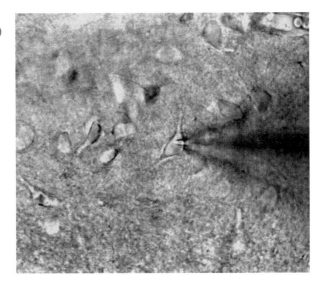

Mit dieser Vorgehensweise können elektrische Signale von einzelnen Zellen abgeleitet werden, die aber weiterhin im neuronalen Netzwerk eingebettet sind. Dadurch wurde es möglich, Wechselwirkungen zwischen verschiedenen Neuronen in einem Netzwerk sogar von höheren Vertebraten zu studieren. Die Details dieser Voltage-Clamp-Methoden werden im ▶ Abschn. 3.6 noch ausführlich diskutiert.

Auch wenn es kein Thema der Elektrophysiologie ist, möchten wir abschließend erwähnen, dass heutige Techniken es ermöglichen, die mit den elektrischen Stromänderungen einhergehenden Magnetfelder zu registrieren. Zwar sind diese Felder mit Flussdichten von 10^{-15} T um viele Größenordnungen kleiner als z. B. das Magnetfeld der Erde (30–60 μT) (s. ▶ Abschn. 9.2.1), eine Detektion ist aber mit dem SQUID (Supraconducting Quantum Interference Device) möglich. Mithilfe von bildgebenden Verfahren hat auf diesem Gebiet insbesondere die Magnetoenzephalografie (MEG) an Bedeutung gewonnen. Die magnetischen Verfahren werden in der Lokalisationsdiagnostik für fokale elektrische Aktivität eingesetzt und zeichnen sich als nicht-invasive Methode durch hohe räumliche und zeitliche Auflösung aus.

3.3.4 Ableitung extrazellulärer Feldpotenziale mit Multielektroden-Arrays

Neben den verschiedenen Versionen der Spannungsklemmmethode (▶ Abschn. 3.5.1) steht eine weitere Methode zur Verfügung, die die Messung von extrazellulären Feldpotenzialen an elektrisch aktiven Zellen oder Geweben ermöglicht. Extrazelluläre Feldpotenziale können immer dann detektiert werden, wenn in einzelnen Zellen, in zellulären Netzwerken oder in Zellen in einem Gewebe schnelle Veränderungen des Membranpotenzials ablaufen. In den meisten Fällen werden diese Veränderungen durch Aktionspotenziale verursacht. Extrazelluläre Feldpotenziale können dann durch eine kapazitive Kopplung zwischen Zellmembran und einer extrazellulären Elektrode in unmittelbarer Nähe der elektrisch aktiven Zellen nachgewiesen werden. Da das Vorliegen elektrischer Aktivität

◻ Abb. 3.11 MEA-Kulturschale mit 64 Aufzeichnungselektroden und einer größeren Referenzelektrode. Die Elektroden dieses MEA-Chips haben einen Durchmesser von 10 Mikrometern und sind in einem Abstand von 100 Mikrometern zueinander angeordnet (Multielectrode Arrays www.multichannelsystems.com, mit freundlicher Genehmigung von Multi Channel Systems MCS GmbH 2015)

eine Voraussetzung für die Anwendung dieser Technik ist, sind neuronale Zellen, Zellen aus dem Herzen bzw. Gewebeschnitte aus Hirn oder Herz typische Präparate für diese Methode. Darüber hinaus können auch retinale Zellen und sogar intakte Retinae untersucht werden (Boven et al. 2006; Stett et al. 2003; Spira und Hai 2013). Einer der Hauptvorteile der extrazellulären Feldpotenzialaufzeichnung ist, dass diese Methode eine nicht-invasive elektrische Untersuchung aus Zellen oder Gewebe ermöglicht, da hierbei keine intrazellulären Elektroden zur Anwendung kommen und somit das intrazelluläre Milieu der Zellen unbeeinflusst bleibt. Die eigentliche Messung erfolgt mittels in den Boden von Glaskulturschalen eingebetteter Metallelektroden, die typischerweise einen Durchmesser von mehreren zehn Mikrometer aufweisen. Mehrere zehn bis hundert dieser Einzelelektroden sind dann in Rastern in einem Abstand von zehn bis hundert Mikrometer (Multi-Elektroden-Array, MEA) angeordnet. Zusammen mit eigens dafür entwickelten Filterverstärkern können elektrische Signale in der Größenordnung von μV bis mV mit hoher zeitlicher und räumlicher Auflösung aufgezeichnet werden. ◻ Abb. 3.11 zeigt einen typischen MEA-Chip, wie er für die Aufzeichnung aus neuronalen oder kardialen Zellkulturen verwendet wird.

Multielektroden-Arrays, geeignete Verstärker und Software werden seit Anfang der 1990er-Jahre als gebrauchsfertige Komplettsysteme von verschiedenen Firmen angeboten, und die Anzahl der Publikationen, die auf dieser Methodik basieren, geht mittlerweile in die Tausende. Die neueste Entwicklung stellt dabei ein Mikroelektroden-Array-System auf Basis der CMOS-Technologie mit 4225 Aufzeichnungs- und 1024 Stimulationselektroden dar (Stutzki et al. 2014). Das Prinzip dieses Systems basiert auf einer früheren Arbeit des deutschen Wissenschaftlers Peter Fromherz (Fromherz et al. 1991), der Ende der 1980er-Jahre mit seinen Versuchen begann, elektrische Nervensignale an Transistoren zu koppeln.

3.4 Ableitung elektrischer Signale von einzelnen Zellen

Die wichtigste elektrophysiologische Methode für die Grundlagenforschung ist die Voltage-Clamp-Technik. Diese Methode ermöglicht es, bei einem vorgegebenen Membranpotenzial den Strom über die Membran zu analysieren, der über spezialisierte Kanäle und Carrier geleitet wird. Die Analyse von Strom-Spannungsabhängigkeiten bildet die

Grundlage der meisten elektrophysiologischen Untersuchungen. Die Voltage-Clamp-Technik war die Voraussetzung für die beiden Meilensteine der modernen Elektrophysiologie: die Hodgkin-Huxley-Beschreibung der Erregbarkeit (s. ▶ Abschn. 6.1.2) und der experimentelle Nachweis von Einzelkanalereignissen durch Neher und Sakmann (s. ▶ Abschn. 3.6).

Bevor wir die verschiedenen Formen des Voltage-Clamp vorstellen, wollen wir zunächst einige Hintergrundinformationen über elektrische und elektrophysiologische Vorgaben liefern, die zu den verschiedenen Versionen geführt haben. Um die Potenzialdifferenz und Ströme über eine Zellmembran messen zu können, müssen Mikroelektroden in die Zelle eingestochen werden (▶ Abschn. 3.4.2). In der Elektrophysiologie werden die Ströme im biologischen System von Ionen getragen, in der Elektronik sind dagegen Elektronen die Ladungsträger. Die Kopplung zwischen der „ionischen" und „elektronischen" Welt erfolgt im Allgemeinen über Ag/AgCl-Elektroden (▶ Abschn. 3.4.1).

3.4.1 Ag/AgCl-Elektrode

Die Ag/AgCl-Elektrode ist das Standardsystem für die Potenzialmessung in Lösungen geworden. Das Prinzip dieser Elektrode soll anhand ◘ Abb. 3.12 erläutert werden. Häufig wird aber auch ein elektrolytisch mit AgCl überzogener Silberdraht verwendet.

Die Ag/AgCl-Elektrode ist eine Elektrode 2. Art, bei der zwei Reaktionen in Folge ablaufen:
1. $Ag \rightleftharpoons Ag^+ + e^-$,
2. $Ag^+ + Cl^- \rightleftharpoons AgCl$.

Im Silberdraht sind die Ladungsträger die Elektronen e^-, in der Lösung die Cl^--Ionen. Die Elektrodenreaktion verläuft entsprechend nach:

$$AgCl + e^- \rightleftharpoons Ag^+ + Cl^- + e^- \rightleftharpoons Ag + Cl^-.$$

Wegen des niedrigen Löslichkeitsprodukts von AgCl ($a_{Ag}^+ \cdot a_{Cl}^- = 1{,}7 \cdot 10^{-10}\,mol^2/l^2$) wird die KCl-Lösung an Ag^+ gesättigt sein, trotz sehr niedriger Aktivität a_{Ag}^+. Gegenüber einer Standardwasserstoffelektrode zeigt die Ag/AgCl-Elektrode die Potenzialdifferenz:

$$E_{el} = E_0 + \frac{RT}{F} \ln a_{Ag}^+ = E_0 + \frac{RT}{F} \left(\ln K_L - \ln a_{Cl}^- \right) = E_0^* - \frac{RT}{F} \ln c_{Cl}^-$$

◘ **Abb. 3.12** Prinzip der Ag/AgCl-Elektrode

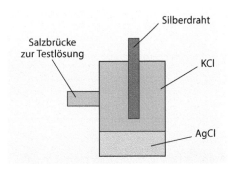

mit $E_0^* = 0{,}222\,\text{V}$ unter Standardbedingungen (25 °C). Die obige Gleichung zeigt, dass die Ag/AgCl-Elektrode eine Cl^--selektive Elektrode ist. Das ist eine wichtige Eigenschaft mit schwerwiegenden Konsequenzen, wenn die umgebende Chloridkonzentration geändert wird.

3.4.2 Mikroelektrode

Um einer Zelle Voltage-Clamp-Pulse aufzuprägen, sind intrazelluläre Elektroden notwendig. Wir werden später sehen, dass eine Möglichkeit darin besteht, mit isolierten Zellfaserstücken zu arbeiten, die direkten Zugang zum Zytoplasma über die abgeschnittenen Faserenden erlauben (▶ Abschn. 3.5.1 (Das klassische Tintenfischaxon und der Vaseline-Gap-Voltage-Clamp)). Für das Arbeiten mit intakten Zellen sind Mikroelektroden notwendig (erstmals von Gilbert Ling (Ling und Gerard 1949) eingeführt). Für ihre Herstellung werden Glaskapillaren zu feinen Pipetten (s. ▪ Abb. 3.13) mit Spitzendurchmessern von weniger als 0,5 μm ausgezogen. Mit diesen Pipetten lässt sich die Zellmembran ohne große Schädigung durchstechen. Der elektrische Kontakt zwischen dem Zytoplasma und der Elektronik wird über eine Elektrolytlösung in der Pipette und eine Ag/AgCl-Verbindung hergestellt. Als Elektrolytlösung dient häufig eine hochkonzentrierte (3 M) KCl-Lösung. Die Widerstände solcher Elektroden liegen im MΩ-Bereich, und Grenzflächenpotenziale an der Elektrodenspitze sind nahezu unabhängig von der äußeren Lösung, da Kalium- und Chloridionen ähnliche Beweglichkeiten aufweisen. Als Referenz dient eine extrazelluläre Ag/AgCl-Badelektrode (s. ▪ Abb. 3.13). Eine Trennschicht aus Agar kann zusätzlich verwendet werden, um den direkten Kontakt der Elektrodenlösung mit dem Zytoplasma bzw. dem Bad zu vermeiden.

Die messbare Potenzialdifferenz zwischen den beiden Elektroden setzt sich aus mehreren Beiträgen zusammen:

$$\Delta E = (E_{\text{Mel}} + E_{\text{pip}}) + E_m - (E_{\text{bath}} + E_{\text{Bel}}) = (E_{\text{Mel}} - E_{\text{Bel}}) + (E_{\text{pip}} - E_{\text{bath}}) + E_m.$$

Neben dem eigentlichen Membranpotenzial E_m sind das Beiträge an den Ag/AgCl-Elektroden in der Pipette (Mikroelektrode) und der Referenzelektrode (Badelektrode), E_{Mel} und E_{Bel}, und an den Grenzen der jeweiligen Elektrode zum Zytoplasma bzw. Bad, E_{pip} und E_{bath}. Diese zusätzlichen Beiträge können bestimmt und kompensiert werden, solange sich die Mikroelektrodenspitze noch in der Badlösung befindet, d. h. bevor die Elektroden in die Zelle eingeführt werden. Da Mikroelektroden Widerstände im MΩ-Bereich

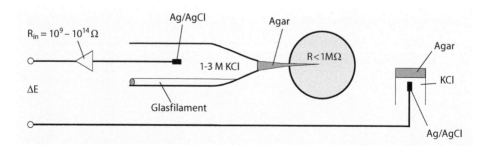

▪ **Abb. 3.13** Anordnung einer Mikroelektrode

aufweisen, werden Vorverstärker (s. Spannungsfolger, ▶ Abschn. 3.4.5 (Der Voltage-Clamp mit zwei Elektroden)) mit Eingangswiderständen von mehr als 10^9 Ω benutzt, um signifikante Spannungsabfälle an der Elektrode zu vermeiden.

3.4.3 Ionenselektive Mikroelektroden

Konstruktion ionenselektiver Mikroelektroden

Um die Aktivität von Ionen in kleinen Volumina oder sogar innerhalb einer Zelle bestimmen zu können, wurden ionenselektive Mikroelektroden entwickelt (für Einzelheiten s. z. B. Thomas 1978). Da mit ionenselektiven Elektroden die Summe aus dem aktivitätsabhängigen Potenzial (s. ▶ Abschn. 3.4.3 (Theorie ionenselektiver Mikroelektroden)), das sich an der Spitze der Elektrode ausbildet, und dem Ruhepotenzial der Zelle gemessen wird, muss das Ruhepotenzial unabhängig mit einer zweiten Referenzelektrode bestimmt werden. Die Differenz zwischen den beiden intrazellulären Elektroden kann dann herangezogen werden, um die intrazelluläre Ionenaktivität zu bestimmen, wofür zuvor eine Eichung vorgenommen werden muss.

Drei Varianten von ionenselektiven Mikroelektroden sind in ◘ Abb. 3.14 dargestellt.

Glas-Mikroelektroden (◘ Abb. 3.14a) werden aus ionenselektiven Gläsern hergestellt. Auf die Grundlagen der Ionenselektivität wird später noch eingegangen (s. ▶ Abschn. 5.1.1).

Festmembran-Mikroelektroden (◘ Abb. 3.14b) haben ein schwerlösliches Salz an ihrer Spitze. Als Beispiel ist die Ag/AgCl-Version gezeigt, bei der eine Ag/AgCl-Elektrode (s. ▶ Abschn. 3.4.1) in die Spitze einer Mikroelektrode eingeschmolzen ist und die eine Cl^--selektive Elektrode darstellt.

Flüssigmembran-Mikroelektroden (◘ Abb. 3.14c) stellen die gängigste Version ionenselektiver Mikroelektroden für intrazelluläre Messungen dar. Ein ionenselektiver Ligand in einem hydrophoben Lösungsmittel wird in die Spitze einer Mikroelektrode gebracht. Wegen des hydrophilen Charakters der Glaskapillaren müssen diese vor der Füllung silanisiert werden.

Ein Problem dieser Elektroden liegt in ihrem extrem hohen elektrischen Widerstand. Deshalb müssen Spitzen mit größeren Öffnungen als bei normalen Mikroelektroden hergestellt werden. Anschleifen der Pipettenspitzen und doppelläufige Kapillaren können das Problem reduzieren, zwei zu große Löcher in die Zellmembran zu reißen. Bei den doppelläufigen Elektroden dient der zweite Kanal für die Referenzelektrode, sodass die Zell-

◘ **Abb. 3.14** Ionenselektive Elektroden. **a** Ionenselektive Glas-Mikroelektrode, **b** Festmembran-, **c** Flüssigmembran-Mikroelektrode

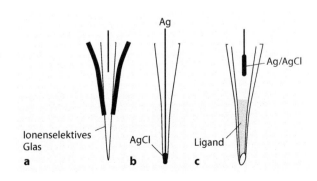

■ **Abb. 3.15** Messungsanordnung
für die Bestimmung von Ionenaktivitäten mit einer ionenselektiven
Elektrode

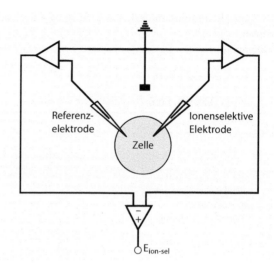

membran nur einmal durchstochen werden muss (s. ■ Abb. 3.15). Trotzdem müssen Vorverstärker mit Eingangswiderständen von mehr als 10^{14} Ω verwendet werden.

Theorie ionenselektiver Mikroelektroden

Das Prinzip der ionenselektiven Flüssigmembran-Mikroelektrode beruht auf dem einer
Ionenaustauschermembran. Die Grundlage einer Ionenaustauschermembran ist ein Netzwerk von Festladungen in einem Lösungsmittel, das bewegliche Gegenladungen enthält
(s. ■ Abb. 3.16). Wir nennen die Membran Kationenaustauscher, wenn die Festladungen
negative Ladungen sind (z. B. $-(SO_3^-)_n$), und Anionenaustauscher bei positiven Festladungen (z. B. $-N^+[(CH_3)_3]_n$). Wie wir bereits zuvor diskutiert haben (s. ▶ Abschn. 2.3),
bildet sich an einer Membran, die nur für eine Ionensorte impermeabel ist, ein Donnan-
Potenzial aus: In unserem Fall entsprechen den impermeablen Ionen die Festladungen,
sodass sich an der Grenzfläche von Badlösung und unselektivem Ionenaustauscher ein
Donnan-Potenzial ausbildet.

■ **Abb. 3.16** Prinzip der Ionenaustauschermembran

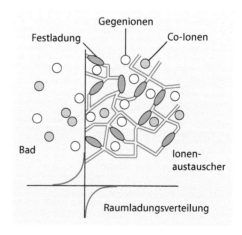

Wenn die Ionenaustauschermembran zwei Elektrolyte unterschiedlicher Konzentration trennt, stellt sich an der Membran ein Gleichgewicht mit verschwindenden elektrochemischen Potenzialdifferenzen ein:

$$\Delta G = \mu' - \mu'' = 0,$$

wobei μ das elektrochemische Potenzial in dem jeweiligen Kompartiment $'$ bzw. $''$ repräsentiert mit

$$\mu = \mu^0 + RT \ln a + zFE,$$

μ^0 – chemisches Potenzial unter Standardbedingungen,
a – Ionenaktivität (bezogen auf),
z – Valenz des Ions,
E – elektrisches Potenzial.

Für eine einzelne permeable Ionensorte ist die elektrische Potenzialdifferenz, $\Delta E = E'' - E'$, an der Ionenaustauscher-Membran

$$\Delta E = \frac{RT}{zF} \ln \frac{a''}{a'} = E_{\text{Nernst}}.$$

Für eine ionenselektive Mikroelektrode muss der Ionenaustauscher aus einem ionenselektiven Liganden bestehen. Wenn man berücksichtigt, dass ein Austauscher nur eine beschränkte Selektivität besitzt, lässt sich das gemessene Potenzial durch eine semiempirische Gleichung beschreiben, die von Nicolsky entwickelt wurde (s. Thomas 1978). Für verschiedene Ionen mit der gleichen Valenz wie das betrachtete Ion nimmt diese Gleichung die folgende Form an:

$$\Delta E = \frac{RT}{zF} \ln \left(\frac{a''}{a'} + \sum_j k_j a_j \right),$$

wobei sich der Index j auf die anderen interferierenden Ionen bezieht, die in der Konzentration (Aktivität) a_j vorliegen und einen relativen Verteilungskoeffizienten k_j haben.

3.4.4 **Karbonfaser-Technik**

Zellen kommunizieren üblicherweise miteinander, indem ein Transmitter oder ein Hormon von einer Effektorzelle ausgeschüttet wird und das Molekül seine Rezeptorzelle über Diffusion oder Transport durch z. B. das Blut erreicht. Um die Menge ausgeschütteter Moleküle oder deren Konzentrationsänderung im submikromolaren Bereich an der Oberfläche einer einzelnen Zelle messen zu können, wurden spezielle Karbonfaserelektroden entwickelt (Ponchon et al. 1979; Gilmartin und Hart 1995). An der Spitze einer solchen Mikroelektrode können Moleküle T durch Anlegen einer positiven oder negativen Spannung oxidiert bzw. reduziert werden entsprechend der folgenden Redoxreaktion:

$$T_{\text{red}} \rightleftharpoons T_{\text{ox}} + n \cdot e^-.$$

Der Strom, der mit der Oxidation oder Reduktion verbunden ist, ist ein Maß für die lokale Konzentration der Moleküle.

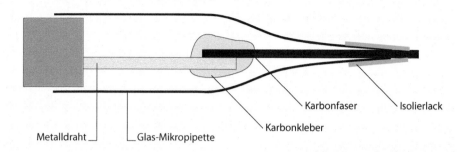

Metalldraht ⌐ ⌐ **Glas-Mikropipette**   **Karbonkleber**   **Karbonfaser**   **Isolierlack**

◨ **Abb. 3.17** Karbonfaserelektrode

Konstruktion von Karbonfaser-Mikroelektroden

Für die Herstellung der Mikroelektroden (◨ Abb. 3.17) wird eine einzelne Karbonfaser als leitendes Element in eine Glaskapillare eingebracht. Das eine Ende der Karbonfaser wird an einen leitenden Draht geklebt, der zu einem Vorverstärker führt. Der Kapillarbereich mit dem anderen Ende der Faser wird zu einer feinen Mikroelektrode mit einem Spitzendurchmesser von ungefähr 5 μm ausgezogen, und die äußere Wandung wird mit einem isolierenden Lack überzogen.

Für die Anwendung dieser Technik ist eine weitere Referenzelektrode notwendig, die eine konventionelle Mikroelektrode sein kann. Die Anordnung wäre ähnlich der bei ionenselektiven Mikroelektroden (◨ Abb. 3.15).

Theorie der Karbonfaser-Mikroelektroden

In einer Lösung mit physiologischer Ionenstärke fällt das Potenzial an der Spitze einer Elektrode innerhalb weniger nm ab. Um Konzentrationsänderungen einer Verbindung detektieren zu können, muss die Spitze der Elektrode in die unmittelbare Nähe der Zelloberfläche gebracht werden. Die Verteilung zwischen oxidierter und reduzierter Form der Moleküle T an der Spitze der Elektrode bei einem Potenzial E wird einer Boltzmann-Verteilung folgen:

$$\frac{T_{\mathrm{ox}}}{T_{\mathrm{red}}} = e^{\frac{nF}{RT}(E-E_0)},$$

wobei E_0 das Standardpotenzial ist und n die Anzahl der übertragenen Elektronen.

Der Strom, der z. B. mit dem Transfer von der reduzierten zur oxidierten Form aufgrund einer Potenzialdifferenz $E - E_0$ verbunden ist, wird durch die Butler-Volmer-Formel beschrieben:

$$j = -k_e F T_{\mathrm{red}} \quad \mathrm{mit} \quad k_e = k_0 e^{(1-\alpha)nF(E-E_0)/RT},$$

wobei k_e die Elektronentransferrate und α der Transferkoeffizient ist.

Berücksichtigt man, dass die Konzentration an der Elektrodenspitze von der in der Lösung differiert, und nimmt einen Diffusionskoeffizient D_{red} und eine Dicke δ der Diffusionsschicht an, dann lässt sich der Strom beschreiben durch

$$j = -\frac{k_e F T_{\mathrm{red}}^{\mathrm{bulk}}}{1 + \frac{k_e \delta}{D_{\mathrm{red}}}}.$$

Ist das Potenzial E groß genug, wird die Elektronentransferrate k_e groß und damit

$$j = -F\, T_{red}^{bulk}\, \frac{D_{red}}{\delta}.$$

Amperometrische und zyklisch-voltametrische Messungen

Um die Konzentration eines Moleküls zu bestimmen, können zwei unterschiedliche Protokolle verwendet werden: Amperometrie (s. z. B. Gomez et al. 2002) und zyklische Voltametrie (s. z. B. Kawagoe et al. 1993).

Bei der Amperometrie wird ein konstantes Potenzial angelegt, das groß genug ist, damit die obige Gleichung angewendet werden kann. Unter diesen Bedingungen ist der Strom diffusionslimitiert und wird spannungsunabhängig. Zeitliche Stromänderungen können dann verfolgt werden und spiegeln Konzentrationsänderungen wider. Diese Methode wird häufig benutzt, um die Transmitterausschüttung an synaptischen Nervenendigungen zu verfolgen (s. z. B. ▶ Abschn. 6.3.2).

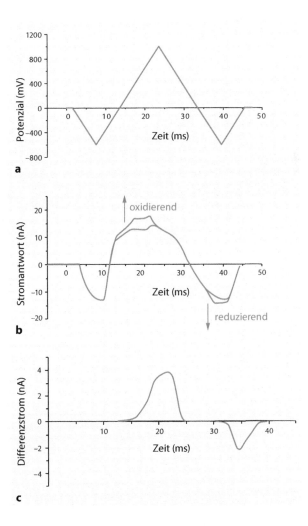

◻ **Abb. 3.18** Zyklische Voltametrie: schematisches Spannungsprotokoll (**a**) und resultierende Stromantwort (**b**). Die kleinen Differenzströme (**c**) im Bereich weniger nA repräsentieren oxidative und reduktive Prozesse

Bei der schnellen zyklischen Voltametrie wird eine zyklische Potenzialrampe von wenigen Millisekunden an die Messelektrode gelegt (◘ Abb. 3.18a). Der über die Elektrode fließende Strom wird vor und nach Änderung einer Konzentration gemessen (◘ Abb. 3.18b). Die kleine Differenz im nA-Bereich repräsentiert den oxidierenden bzw. reduzierenden Strom. Da Oxidations- und Reduktionspotenziale substanzspezifisch sind, kann diese Methode zur chemischen Identifikation eingesetzt werden.

3.4.5 Grundlagen des Voltage-Clamp

Im Folgenden wollen wir ausgehend vom „idealen Voltage-Clamp" Schritt für Schritt den „realen Voltage-Clamp" entwickeln.

Idealer Voltage-Clamp

Der ideale Voltage-Clamp (◘ Abb. 3.19) besteht aus einer Spannungsquelle, die das Klemmpotenzial V_C vorgibt, einer Modellmembran (bestehend aus der Parallelschaltung eines Membranwiderstands R_M und einer Membrankapazität C_M), einem Schalter und einem Amperemeter zur Messung des Membranstroms I_M.

Die Schaltung ist „ideal", da für die leitenden Verbindungen, das Amperemeter und die Batterie, vernachlässigbare Innenwiderstände angenommen werden. Nach dem Schießen des Schalters erreicht das Membranpotenzial das Batterie- oder Klemmpotenzial ($V_M = V_C$), sobald die Membrankapazität geladen ist.

Realer Voltage-Clamp

Der Hauptunterschied zwischen idealem und realem Voltage-Clamp besteht darin, dass die Verbindungen zwischen der elektronischen Schaltung und der Zelle, bei denen die Ladungsträger Ionen sind, nicht als Leiter mit vernachlässigbaren Widerständen betrachtet werden dürfen. In vielen Fällen werden Glas-Mikroelektroden (▶ Abschn. 3.4.2) eingesetzt, die Widerstände R_E im MΩ-Bereich besitzen, ähnlich dem Eingangswiderstand großer Zellen wie z. B. von Froschoozyten (▶ Abschn. 7.1.2). Daher muss der Elektrodenwiderstand zum idealen Schaltkreis von ◘ Abb. 3.19 hinzugefügt werden, was zu ◘ Abb. 3.20 führt.

◘ **Abb. 3.19** Idealer Voltage-Clamp

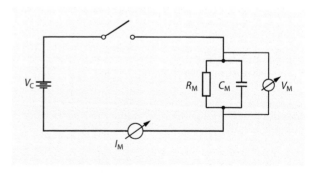

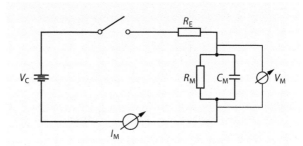

Abb. 3.20 Realer Voltage-Clamp

Damit ergibt sich das Problem, dass wir jetzt zwei Widerstände in Serie haben, die als Spannungsteiler mit der folgenden Charakteristik fungieren:

$$V_M = V_C \frac{R_M}{R_M + R_E}.$$

Das bedeutet, dass nur der Bruchteil

$$R_M / (R_M + R_E)$$

des Klemmpotenzials V_C die Membran erreicht. Nur wenn $R_M \gg R_E$ ist, ist dieser Bruchteil nahezu eins, und das Membranpotenzial wird auf das vorgegebene Potenzial geklemmt ($V_M = V_C$).

Voltage-Clamp mit zwei Elektroden

Für große Zellen mit niedrigem Eingangswiderstand ist Voltage-Clamp mit einer Elektrode offensichtlich nicht möglich. Hierfür benötigt man eine zweite Elektrode, um unabhängig das tatsächliche Membranpotenzial bestimmen zu können; man spricht dann vom Zwei-Elektroden-Voltage-Clamp (TEVC). Die Spannungsquelle wird dabei so geregelt, dass das Membranpotenzial genau dem gewünschten Kommandopotenzial entspricht. ☐ Abb. 3.21 gibt eine grafische Darstellung für diese Situation.

Um eine Zellmembran auf ein bestimmtes Membranpotenzial V_M zu klemmen, ist es notwendig, ein Potenzial V_C vorzugeben, das groß genug ist, um den Spannungsabfall an dem Elektrodenwiderstand R_{CE} zu kompensieren. Quantitativ lässt sich das Klemmpo-

Abb. 3.21 Voltage-Clamp-Schaltung mit einer Stromelektrode (CE) und einer Potenzialelektrode (PE)

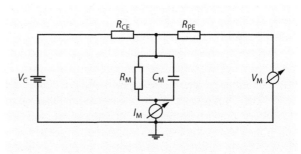

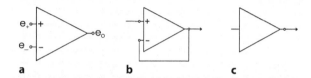

◘ Abb. 3.22 Schematische Skizze eines Operationsverstärkers (Op-Amp) (**a**) und eines Spannungsfolgers (Op-Amp mit Verstärkung eins für das an + angelegte Eingangssignal) (**b**), **c** vereinfachte Darstellung des Spannungsfolgers

tenzial beschreiben durch

$$V_C = V_M \frac{R_M + R_{CE}}{R_M}.$$

Da sich der Membranwiderstand R_M und gelegentlich auch der Elektrodenwiderstand R_{CE} während eines Experiments ändern können, ist es notwendig, das Membranpotenzial V_M laufend mithilfe der Potenzialelektrode PE mit dem Kommandopotenzial zu vergleichen und das Klemmpotenzial V_C entsprechend nachzuregeln. Dies ist manuell kaum möglich, aber man kann elektronische Anordnungen einsetzen, die einen exakten und schnellen Vergleich zwischen Kommando- und Membranpotenzial und die entsprechende Regulation ermöglichen. Den zentralen Teil einer solchen elektronischen Anordnung bilden Operationsverstärker (Op-Amp), die in verschiedener Weise eingesetzt werden können.

Das wesentliche Charakteristikum eines Op-Amp (◘ Abb. 3.22a) besteht darin, die Differenz zwischen seinen beiden Eingängen mit einem Faktor A (Verstärkung) zu verstärken:

$$e_0 = A\,(e_+ - e_-)\,.$$

Verbindet man den negativen Eingang mit dem Ausgang, arbeitet der Op-Amp als sogenannter Spannungsfolger (◘ Abb. 3.22b). Das Ausgangssignal ist bei diesem Spannungsfolger also immer gleich dem Signal am negativen Eingang:

$$e_0 = A\,(e_+ - e_-) = A\,(e_+ - e_0) \quad \Rightarrow e_0 = \frac{A}{A+1}e_+ \approx e_+ \quad \text{mit} \quad A = 10^4 - 10^6.$$

Diese beiden Varianten des Op-Amp finden Anwendung im Schaltkreis des Zwei-Elektroden-Voltage-Clamp (◘ Abb. 3.23), wie er bei den meisten kommerziell verfügbaren Verstärkern zum Einsatz kommt.

Der Spannungsfolger wird benutzt, um das hochohmige Signal der Potenzialelektrode PE von den folgenden Geräten mit niederohmigem Eingang wie z. B. Oszilloskop oder Aufzeichnungsgeräten zu entkoppeln und um den Eingangswiderstand der Potenzialelektrode so hochohmig zu machen, dass Ströme über sie minimiert werden. Die zweite Op-Amp-Version wird als negativer Rückkopplungsverstärker (FBA = Feed-back Amplifier) mit hoher Verstärkung (*gain*) eingesetzt. An den positiven Eingang des FBA wird hierbei das Kommandopotenzial angelegt, an den negativen Eingang das Ausgangssignal des Spannungsfolgers (= Membranpotenzial). Diese beiden Eingangssignale definieren das

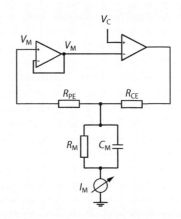

■ **Abb. 3.23** Zwei-Elektroden-Voltage-Clamp-Schaltung mit Op-Amps zur Messung des Membranpotenzials und zum Klemmen des Membranpotenzials über negative Rückkopplung

Potenzial am Ausgang, der zur Stromelektrode CE führt. So kann das Membranpotenzial schnell und genau auf das vorgegebene Potenzial geklemmt werden. Der Strom I_M, der vom Rückkopplungsverstärker über CE in die Zelle fließt, ist mit dem Strom identisch, der über die Membran fließt, und kann entweder am Ausgang des FBA oder an der geerdeten Badelektrode gemessen werden. Häufig wird eine zweite Badelektrode eingesetzt, wobei über die eine der Strom zur Erde abfließt und die zweite als Referenzelektrode für die intrazelluläre Potenzialelektrode (virtuelle Erde) dient. Der Einsatz von zwei Badelektroden hat den Vorteil, dass nur über die geerdete Elektrode große Ströme fließen und die Referenzelektrode nicht aufgrund von Stromflüssen polarisieren kann. Außerdem können so Fehler verhindert werden, die der Serienwiderstand der Badlösung bei großen Strömen mit sich bringen kann.

Ein-Elektroden-Voltage-Clamp

Im vorangegangenen Abschnitt haben wir gelernt, dass es nicht möglich ist, Voltage-Clamp mit einer Elektrode durchzuführen, wenn der Widerstand dieser Elektrode und der Widerstand der zu klemmenden Zellmembran von ähnlicher Größe sind. Ist der Membranwiderstand jedoch wesentlich größer als der Elektrodenwiderstand, so wird der Unterschied zwischen Klemm- und Membranpotenzial vernachlässigbar. Diesen Umstand macht man sich zunutze, wenn man kleine Zellen oder aber auch kleine isolierte Membranstücke klemmen will, was direkt zur Anwendung der Patch-Clamp-Methode führt (s. auch ▶ Abschn. 3.5.1). Es gibt eine Reihe von Versionen des Patch-Clamp-Verfahrens, die wir im Detail in ▶ Abschn. 3.6 besprechen. Alle diese Varianten haben gemeinsam, dass die geklemmte Membran, entweder die ganze Zelle oder das isolierte Membranstück (Membran-Patch), Widerstände im GΩ-Bereich besitzen.

Da Mikroelektroden für die Patch-Clamp-Methode typischerweise Widerstände zwischen 0,5 und 50 MΩ aufweisen, kann die Potenzialkontrolle mit nur einer Elektrode erfolgen, indem über die Potenzialelektrode auch gleichzeitig der Membranstrom fließt. ■ Abb. 3.24 zeigt eine schematische Darstellung einer minimalen elektronischen Schaltung.

Die Schaltung für die Patch-Clamp-Methode leitet sich vom Zwei-Elektroden-Voltage-Clamp ab, indem anstelle der separaten Stromelektrode der Ausgang des Rückkopplungsverstärkers über einen Rückkopplungswiderstand R_F direkt mit der Potenzialelektrode

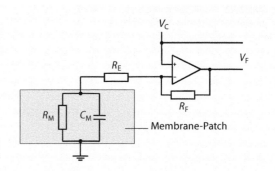

verbunden wird. Der Membranstrom I_M ist dann durch den Spannungsabfall V_F am Widerstand R_F gegeben:

$$I_M = V_F / R_F.$$

Da unter Voltage-Clamp das Klemmpotenzial V_C gleich dem Potenzial am negativen Eingang des FBA (= gemessenes Membranpotenzial) ist, erfolgt die Strommessung über die Potenzialdifferenz zwischen dem positiven Eingang und dem Ausgang des FBA (s. ◻ Abb. 3.24).

Durchführung des Voltage-Clamp

Die erste Voltage-Clamp-Methode wurde im Jahr 1949 von Kenneth Cole (1949) und George Marmont (1949) beschrieben. Das Grundprinzip ist der Rückkopplungsverstärker wie oben dargestellt (s. auch ◻ Abb. 3.25). Damit ist es möglich, der Membran Spannungspulse aufzuprägen und die spannungs- und zeitabhängigen Widerstandsänderungen der Membran über die Messung des Membranstroms zu ermitteln, der über die Badelektrode zur Erde abfließt.

Am häufigsten wird in einem Voltage-Clamp-Experiment der Membran ein rechteckförmiger Spannungspuls aufgeprägt. Der Vorteil in einer rechteckförmigen Potenzialänderung besteht darin, dass nach einem kurzen, transienten kapazitiven Strom zeitabhängige Leitfähigkeitsänderungen ohne die zusätzliche kapazitive Komponente analysiert

◻ **Abb. 3.25** Prinzip des Zwei-Elektroden-Voltage-Clamp einer Zelle

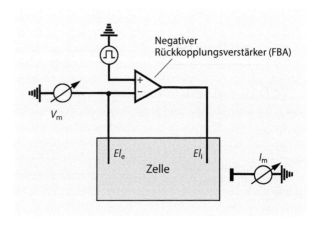

Abb. 3.26 Typische Voltage-Clamp-Registrierung (schematisch)

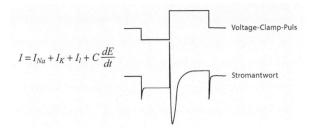

Voltage-Clamp-Puls

$$I = I_{Na} + I_K + I_l + C\frac{dE}{dt}$$

Stromantwort

Abb. 3.27 Wirkung von Tetrodotoxin (TTX) auf die Membranströme einer erregbaren Zelle in Antwort auf einen rechteckförmigen Voltage-Clamp-Puls (basierend auf Hille 1970, Fig. 3, mit freundlicher Genehmigung von Elsevier AG, 1970)

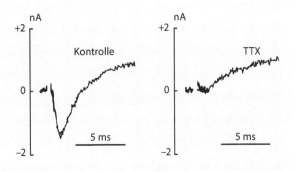

werden können. ◘ Abb. 3.26 zeigt schematisch eine typische Registrierung von einer erregbaren Membran, bei der der gesamte Membranstrom neben Leck- (I_l) und kapazitiven ($C \cdot dE/dt$) Strömen aus ionenspezifischen Leitfähigkeiten (I_{Na}, I_K) zusammengesetzt ist:

$$I = I_{Na} + I_K + I_l + C\frac{dE}{dt}.$$

Wie bereits in der Einführung erwähnt wurde, war einer der entscheidenden Schritte in der Arbeit von Hodgkin und Huxley die Separation der Komponenten der Ionenströme. Äußerst hilfreich sind dabei spezifische Inhibitoren; ◘ Abb. 3.27 illustriert die Wirkung des Tetrodotoxins (TTX), ein hoch wirksamer Inhibitor für Na^+-Kanäle, der aus bestimmten Geweben des Kugelfischs *Tetraodon* isoliert werden kann.

3.4.6 Rauschen bei elektrophysiologischen Messungen

Elektrische Messungen werden oft durch *Rauschen* gestört. Allgemein gesprochen verstehen wir unter Rauschen jede Störung, die dem zu messenden Signal überlagert ist. In elektrophysiologischen Experimenten kann solches Rauschen von Stromfluktuationen in der Zellmembran, von den Elektroden, von der Verstärkerelektronik oder von externen Quellen wie Netzleitungen, Computern, Monitoren und anderen peripheren Geräten herrühren (für Einzelheiten s. z. B. Axon Instruments 1993). Eine andere Rauschquelle kann der Digitalisierungsprozess sein (Quantisierungsrauschen, Aliasrauschen), wenn die Filtereinstellungen nicht optimal gewählt sind.

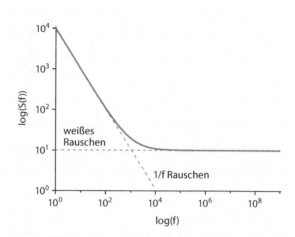

□ Abb. 3.28 Frequenzabhängigkeit der spektralen Leistungsdichte S mit Überlagerung aus weißem und rosa $(1/f)$ Rauschen

Die meisten Rauschquellen sind zufälliger Natur. Zur quantitativen Erfassung werden daher nur Mittelwerte benutzt, wobei sogenannte rms(*root-mean-square*)-Werte angegeben werden. Wenn das Rauschen Gauß'sche Verteilung aufweist, bedeutet der rms-Wert, dass hier das Rauschsignal den rms-Wert mit einer Wahrscheinlichkeit von 0,32 überschreitet. Der Spitze-zu-Spitze-Wert des Rauschens beträgt etwa das 6-Fache des rms-Werts.

Das gesamte zufällige Rauschen E_T von verschiedenen Rauschquellen E_i addiert sich auf Grundlage ihrer rms-Werte zu

$$E_T = \sqrt{\sum_i E_i^2}.$$

In Abhängigkeit von der Rauschquelle kann frequenzabhängiges Rauschen (häufig sogenanntes Flicker-Rauschen mit $1/f$ Abhängigkeit) und frequenzunabhängiges Rauschen (weißes Rauschen) detektiert werden (□ Abb. 3.28).

Thermisches Rauschen

Thermisches Rauschen (auch Johnson- oder Nyquist-Rauschen genannt) wird durch die thermische Bewegung der geladenen Teilchen (Elektronen, Ionen) in einem Leiter hervorgerufen. Thermisches Rauschen ist über alle Frequenzen gleich verteilt (weißes Rauschen), und die Spektraldichte ist gegeben durch

$$S^2 = 4kTR_\Omega$$

Einheit: V^2/Hz, wobei k die Boltzmann-Konstante, T die Temperatur in K und R_Ω der Widerstand ist.

Der rms-Wert bei einer gegebenen Bandbreite B ist dann

$$E = \sqrt{4kTR_\Omega B}$$

Einheit: Volt.

Schrot-Rauschen

Schrot-Rauschen entsteht, wenn Strom über eine Potenzialbarriere fließt, wie es bei einem Transistor, aber nicht bei einem einfachen Widerstand der Fall ist. Der frequenzabhängige rms-Wert des Schrot-Rauschens ist gegeben durch

$$I_S = \sqrt{2qIB}$$

Einheit: A, wobei q die Ladung eines elementaren Ladungsträgers, I der Strom, der durch die Rauschquelle fließt, und B die Frequenzbandbreite ist. Im Vergleich zu Nyquist- und frequenzabhängigem Rauschen ist Schrot-Rauschen in elektronischen Geräten meist zu vernachlässigen.

Dielektrisches Rauschen

Dielektrisches Rauschen ist thermisches Rauschen in Kondensatoren und hängt vom dielektrischen Verlust des Kondensators ab. Die spektrale Dichte des dielektrischen Rauschens ist

$$S_D^2 = 4kTDC_D\omega$$

Einheit: A^2/Hz, wobei ω die Frequenz ($\omega = 2\pi f$) und D der Dissipationsfaktor der Kapazität C_D ist. Der rms-Wert bei einer gegebenen Bandbreite B ist

$$I_D = \sqrt{4kTDC_D\pi B^2}$$

Einheit: A.

In elektrophysiologischen Apparaturen hat dielektrisches Rauschen vorwiegend im Elektrodenglas seine Quelle, aber auch hohe dielektrische Verluste, die nicht direkt mit dem Elektrodeneingang gekoppelt sind (z. B. die Messkammer) können erheblich zu diesem Rauschtyp beitragen.

Digitalisierungsrauschen

Unter optimalen Bedingungen ist Digitalisierungsrauschen klein im Vergleich zu anderen Rauschquellen und kann daher vernachlässigt werden. Digitalisierungsrauschen entsteht, wenn analoge Strom- oder Spannungssignale digitalisiert werden, und ist somit ein ganzzahliges Vielfaches einer elementaren Einheit δ (Quantisierungsschritt). Häufig werden 12-bit-Analog-Digitalkonverter benutzt; bei einem Messbereich von 10 V ist dann der entsprechende Quantisierungsschritt

$$\delta = 10\,V/2^{12} = 2{,}44\,mV.$$

Für einen 16-bit-Konverter ergibt sich $\delta = 153\,\mu V$, für 20-bit Konverter $\delta = 10\,\mu V$. Ist δ klein im Vergleich zum Gesamtbereich, kann der rms-Wert angenähert werden durch

$$E = \sqrt{\frac{\delta^2}{12}}.$$

Bei der Digitalisierung wird das Signal nicht nur in seiner Größe, sondern auch zeitlich quantisiert; bei einer Frequenz f von z. B. 100 kHz wird alle 10 μs ein Messwert aufgenommen. Entsprechend dem „Sampling"-Theorem tritt zusätzliches Digitalisierungsrauschen im Frequenzbereich zwischen 0 Hz (DC-Signal) und der halben Messfrequenz auf.

Innerhalb dieser Bandbreite ist das Rauschen gleichverteilt (weißes Rauschen) mit der spektralen Dichte

$$S^2 = \frac{\delta^2}{6f}.$$

Wie wir bereits erwähnt haben, ist Digitalisierungsrauschen kein ernsthaftes Problem, wenn die Parameter für die Digitalisierung geeignet gewählt werden. Das bedeutet, dass δ immer klein im Vergleich zum gemessenen Signal sein sollte. Unter gewissen Umständen, wenn das zu messende Signal in einem großen Untergrundsignal eingebettet ist, kann Digitalisierungsrauschen signifikant werden.

Sampling-Theorem und Aliasing-Rauschen

Nach dem Sampling-Theorem (s. Lüke 1999) enthält ein Signal, das mit der Frequenz f_s gemessen wird, nur Frequenzkomponenten, die kleiner als $f_s/2$ sind. Diese Frequenz $f_s/2$ wird Nyquist- oder auch Faltungsfrequenz f_n genannt. Als Konsequenz verliert man bei einem mit der Frequenz f_s abgetasteten Signal alle Frequenzen, die oberhalb von $f_n = f_s/2$ lagen. Noch schwerwiegender ist die Einführung eines zusätzlichen Rauschens (Aliasing-Rauschen) in das Frequenzband unterhalb von f_n, das von den Frequenzen oberhalb von f_n herrührt.

Der Term f_n wird Faltungsfrequenz genannt, weil das Rauschspektrum um f_n gefaltet ist. Quantitativ wird dieser Effekt beschrieben durch

$$f_a = |f_i - a f_s|,$$

wobei f_i die Frequenzkomponente oberhalb von f_n ist und a eine positive ganze Zahl, die so gewählt ist, dass die Alias-Frequenz f_a in das Frequenzband unterhalb von f_n gefaltet wird. Wird z. B. ein Signal bei 10 kHz gemessen, ist die Faltungsfrequenz 5 kHz (s. ◻ Abb. 3.29).

Bei einem ungefilterten Signal werden Frequenzen oberhalb von f_n in das gemessene Signal gefaltet: Bei 2 kHz treten dann Frequenzen auf, die ihren Ursprung von Frequenzen bei 8, 12, 18, 22, 28 kHz usw. haben. Da Filter keine ideale Kante bei ihrer Eckfrequenz f_c

◻ **Abb. 3.29** Frequenzartefakt von einem Signal der Frequenz f_n bei einer Sampling-Rate von $0{,}5 f_n$

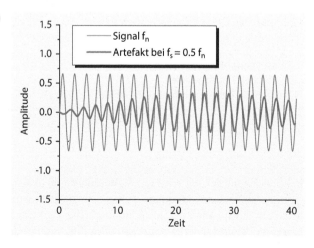

haben, sollte die Eckfrequenz eines Filters unterhalb der vom Sampling-Theorem empfohlenen gewählt werden, um Alias-Rauschen zu vermeiden. Unter normalen Bedingungen empfiehlt sich eine Einstellung mit $f_c = 0{,}4\text{--}0{,}5\, f_n$.

Excess-Rauschen

Excess-Rauschen ist Rauschen, das von irgendeiner beliebigen Quelle herrührt, die nicht zu einer der bereits genannten Klassen gehört. Signale von der 50-Hz Netzversorgung (leicht an seiner Periodizität zu erkennen), von Mobiltelefonen, Computermonitoren, Radiosendern etc. werden oft zum *Excess*-Rauschen gezählt.

3.5 Anwendung der Voltage-Clamp-Technik

3.5.1 Verschiedene Versionen der Voltage-Clamp-Technik

Voltage-Clamp am klassischen Tintenfisch-Riesenaxon

Die erste Voltage-Clamp-Anordnung wurde für die Anwendung auf das Riesenaxon des Tintenfisches entwickelt (Cole 1949; Hodgkin et al. 1952) und ist schematisch in ◘ Abb. 3.30 illustriert.

Das Riesenaxon hat einen Durchmesser von bis zu 1 mm und kann über eine Länge von mehreren Zentimetern freipräpariert werden. Ein Stück der Nervenfaser wird an einem Ende verschlossen, und über das offene Ende werden zwei Drahtelektroden eingeführt, um die elektrische Spannung der Zellmembran klemmen zu können. Ein Abschnitt dieses Präparats ist elektrisch isoliert, und der Strom, der über dieses Membranstück zur Erde abfließt, wird gemessen. Diese Version des Voltage-Clamp eignet sich generell zum Klemmen großlumiger Zellfaserabschnitte.

Das Riesenaxon bietet als interessante Variante die Möglichkeit, die Zusammensetzung des internen Mediums zu ändern. Dafür kann das Zytoplasma ohne Schädigung der Membran herausgedrückt und durch eine vom Experimentator vorgegebene Lösung ersetzt werden.

Vaseline-(oder Zucker-)Gap-Voltage-Clamp

Für dünnere Fasern ist das seitliche Einführen der Elektroden nicht möglich. Bei Zellfasern mit Durchmessern bis herunter zu 10 μm kann trotzdem ein Abschnitt von mehreren

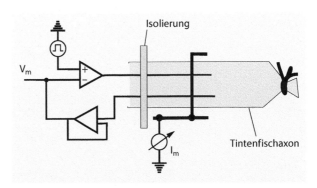

◘ **Abb. 3.30** Einfaches Schema zum Voltage-Clamp des Riesenaxons des Tintenfischs

◨ **Abb. 3.31** Einfaches Schema zum Voltage-Clamp dünnerer Fasern unter Ausnutzung einer Isolation durch Vaseline- oder Zuckertrennwände (*gaps*)

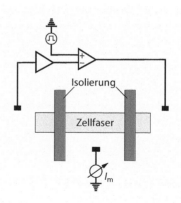

Millimetern freipräpariert und mit Vaselinewürsten oder Zuckerlösungsbrücken elektrisch isoliert werden (◨ Abb. 3.31). Der Zugang der beiden Elektroden, die für den Voltage-Clamp notwendig sind, zum Zytoplasma erfolgt über die abgeschnittenen Enden der Zellfaser (Stämpfli 1954; Nonner 1969).

Zwei-Mikroelektroden-Voltage-Clamp (TEVC)

Soll an intakten Zellen Voltage-Clamp durchgeführt werden, muss die Zwei-Mikroelektroden-Technik eingesetzt werden (s. ◨ Abb. 3.32). Diese Version des Voltage-Clamp eignet sich besonders für kugelförmige Zellen. Sogar bei Zellen mit Durchmessern von mehr als 1 mm wie z. B. Oozyten von Amphibien (s. ▸ Abschn. 7.1.2) kann die gesamte Zellmembran noch im ms-Bereich unter Voltage-Clamp gebracht werden, wenn man Verstärker mit genügend hoher Ausgangsspannung verwendet.

Wenn man aber die Membran intakter, langer Zellfasern wie z. B. von Muskelfasern klemmen will, wird es mit zunehmender Faserlänge immer schwieriger, das Membranpotenzial mit nur zwei Elektroden auf den vorgegebenen Wert zu klemmen. Zur Behebung dieses Problems wurde der Drei-Elektroden-Voltage-Clamp entwickelt (s. ◨ Abb. 3.33).

In der Entfernung l_1 von einem Faserende wird das Membranpotenzial über den Rückkopplungsverstärker auf das Potenzial E_1 geklemmt. An der Stelle $2l_1$ wird das Potenzial E_2 gemessen. Zwischen E_2 und E_1 wird ein Spannungsabfall ΔE aufgrund der Strom-

◨ **Abb. 3.32** Einfaches Schema zum Voltage-Clamp einer kugelförmigen Zelle

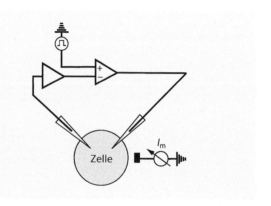

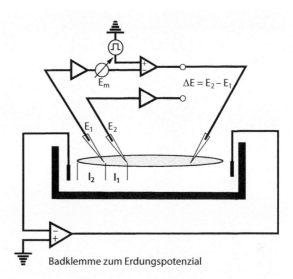

Abb. 3.33 Einfaches Schema zum Drei-Elektroden-Voltage-Clamp intakter Muskelfasern

verluste über diesen l_1 langen Membranabschnitt auftreten, der die Grundlage für die Auswertung bildet.

Wenn wir die Nerven- oder Muskelfaser als lineares Kabel betrachten (Taylor 1963) und annehmen, dass an der Stelle 0 das Potenzial E_0 herrscht, so ändert sich das Potenzial entlang der Faser entsprechend:

$$E_x = E_0 \cosh(x/\lambda).$$

Die Längenkonstante λ liegt bei Skelettmuskelfasern im Bereich von 0,1 bis 1 mm. Platziert man die Elektroden wie in ◻ Abb. 3.33, lässt sich der Strom pro Längeneinheit bei einem zytoplasmatischen Widerstand r_i beschreiben durch

$$i_m(l_1) = \frac{E_2 - E_1}{r_i l_1^2} \left[\frac{l_1^2 \cosh(l_1/\lambda)}{\lambda^2 [\cosh(2l_1/\lambda) - \cosh(l_1/\lambda)]} \right].$$

Für $l_1/\lambda < 2$ erhalten wir für den Ausdruck in den eckigen Klammern einen Wert von etwa $2/3$. Damit gilt

$$i_m = \frac{2}{3} \frac{E_2 - E_1}{r_i l_1^2}$$

mit einem Fehler von weniger als 5 % bei l_1 ungefähr 100 μm (s. Adrian et al. 1970). Ein zusätzlicher Bad-Voltage-Clamp sorgt dafür, dass das gesamte Bad konstant auf Erdpotenzial gehalten wird.

Ein-Elektroden-Voltage-Clamp

Für kleine kugelförmige Zellen kann eine vereinfachte Version des Zwei-Elektroden-Voltage-Clamp verwendet werden (s. ◻ Abb. 3.34), wobei eine einzelne Pipette mit weiter Öffnung (bis zu 50 μm im Durchmesser) auf die Zelloberfläche aufgesetzt wird (Kostuk

◻ Abb. 3.34 Einfaches Schema zum Voltage-Clamp
kleiner kugelförmiger Zellen mit einer Elektrode

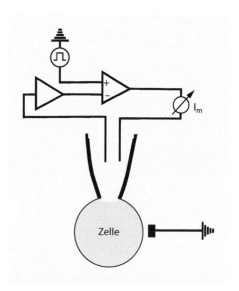

und Krishtal 1984). Abdicht(*seal-*)Widerstände von mehr als $10\,M\Omega$ lassen sich dabei erreichen. Nach der Perforation der Membran in der Pipettenöffnung erhält man einen niederohmigen Zugang zum Zellinneren, und Voltage-Clamp ist über zwei Elektroden möglich, die innerhalb der gleichen Pipette zusammengeführt werden.

Cut-Oocyte-Voltage-Clamp

Da sich die Oozyten von Fröschen und Kröten für elektrophysiologische Fragestellungen als sehr nützliches Untersuchungsobjekt erwiesen haben (s. ▶ Abschn. 7.1.2), soll hier eine speziell dafür entwickelte Version des Voltage-Clamp vorgestellt werden (Taglialatela et al. 1992).

Die Oozyte wird in einer Kammer mit drei Kompartimenten so platziert, dass sie über Vaselineabdichtungen in drei elektrisch isolierte Abschnitte gegliedert ist (s. ◻ Abb. 3.35).

◻ Abb. 3.35 Einfaches Schema
zum Cut-Oocyte-Voltage-Clamp
(basierend auf Taglialetela et al.
1992, Fig. 1, mit freundlicher Genehmigung von Elsevier AG, 1992)

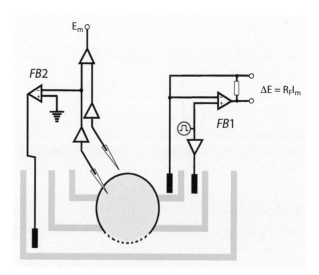

Der Rückkopplungsverstärker *FB1* klemmt die Außenseite des oberen Membranabschnitts auf das Kommandopotenzial, welches auch dem mittleren Kompartiment zugeführt wird, um Leckströme zwischen dem oberen und dem mittleren Kompartiment zu minimieren. Der untere Membranabschnitt ist perforiert, sodass das Zellinnere über den Rückkopplungsverstärker *FB2* auf Erdpotenzial geklemmt wird. Der Strom über dem oberen Membranabschnitt wird als Spannungsabfall ΔE über dem Widerstand R_F gemessen.

3.5.2 Analyse von Stromfluktuationen

Bereits vor Einführung der Patch-Clamp-Technik in die Elektrophysiologie war es möglich, indirekte Informationen über Einzelkanalereignisse zu erhalten, und zwar aus Stromfluktuationen, die ihren Ursprung in der Überlagerung vieler Einzelkanalereignisse haben. Für die Analyse wurde angenommen, dass ein Kanal nur in einem offenen oder einem geschlossenen Zustand vorliegen kann (s. ◙ Abb. 3.36).

Der mittlere Strom I von N Kanälen mit der Einzelkanalleitfähigkeit i und der Offenwahrscheinlichkeit p_o ist gegeben durch

$$I = N i p_\mathrm{o}$$

und die Varianz durch

$$\mathrm{var} = N i^2 p_\mathrm{o}(1 - p_\mathrm{o}) = I \cdot i \cdot (1 - p_\mathrm{o}).$$

Damit erhalten wir

$$i = \frac{\mathrm{var}}{I(1 - p_0)},$$

sodass sich nach experimenteller Bestimmung von I, var und p_o die Anzahl der beteiligten Kanäle und der Einzelkanalstrom berechnen lassen.

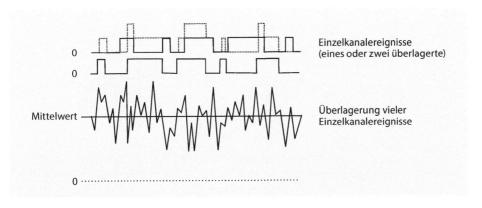

◙ Abb. 3.36 Überlagerung von Einzelkanalereignissen, die zu Stromfluktuationen führen. Aufwärtsgerichtete Ströme repräsentieren Kanalöffnungen

Eine andere Vorgehensweise besteht darin, die Fourier-Transformierte der Stromfluktuationen zu ermitteln. Mit der Annahme von nur zwei Kanalzuständen (offen und geschlossen) lässt sich das Leistungsspektrum durch ein Lorentz-Spektrum beschreiben:

$$S_L = \frac{S_o}{1 + \left(\frac{f}{f_c}\right)^2} \quad \text{mit} \quad f_c = \frac{k_1 + k_{-1}}{2\pi},$$

wobei k_1 und k_{-1} die Vorwärts- und Rückwärtsübergangsraten zwischen den beiden Kanalzuständen sind. Varianz *var* lässt sich auch durch das Integral

$$\text{var} = \int\limits_{0}^{\infty} S(f)df$$

ermitteln.

Ist das Öffnungs-Schließungsverhalten durch mehrere aufeinanderfolgende Mechanismen bestimmt, lässt sich das Leistungsspektrum durch eine Summe von Lorentz-Komponenten beschreiben.

Im Fall einer unendlichen Zahl von offenen und geschlossenen Zuständen erhält man ein Diffusionsspektrum:

$$S_D = \frac{S_0}{1 + \left(\frac{f}{f_c}\right)^{\frac{3}{2}}}.$$

◘ Abb. 3.37a zeigt als Beispiel die Überlagerung von zwei Lorentz-Spektren, die die schnelle Aktivierung und langsame Inaktivierung von Na^+-Kanälen erregbarer Membranen repräsentieren könnten (s. ▶ Abschn. 6.1.2 (Na^+-Kanal)). Die Fluktuationen, die vom Öffnen und Schließen von K^+-Kanälen erzeugt werden, können durch ein Diffusionsspektrum beschrieben werden, das einem frequenzunabhängigen Untergrund überlagert ist (◘ Abb. 3.37b).

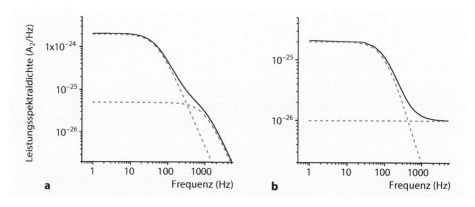

◘ **Abb. 3.37**   Leistungsdichtespektren vom **a** Lorentz- und **b** Diffusionstyp. (S. auch Schwarz 1983)

3.5.3 Analyse von transienten Ladungsbewegungen (Gating-Ströme)

Transport über die Membran durch einen Carrier oder durch das Öffnen und Schließen eines Kanals ist immer mit Konformationsänderungen des Transportproteins in der Membran verbunden. Wenn diese Änderungen an Ladungsbewegungen gekoppelt sind, sollten die Übergangsraten vom Membranpotenzial abhängig sein.

Im Fall eines Kanals mit einem offenen und einem geschlossenen Zustand lässt sich die Verteilung zwischen diesen beiden Zuständen durch die Fermi-Gleichung beschreiben:

$$q = \frac{1}{1 + e^{-zF/(RT)}},$$

welche die Verteilung der beweglichen Ladungen zwischen den beiden Zuständen widerspiegelt (s. ◻ Abb. 3.38).

Die Ladungsbewegungen können als transienter Verschiebestrom gemessen werden. Den Betrag der bewegten Ladungen in Antwort auf den Spannungspuls erhält man durch Integration des transienten Signals. Aus der Steilheit der Spannungsabhängigkeit der Ladungsverteilung kann man die effektive Valenz z der bewegten Ladungen ermitteln. Der z-Wert repräsentiert den Betrag der im elektrischen Feld bewegten Ladung multipliziert mit dem Anteil des Feldes, welches bei der Bewegung durchlaufen wird. Aus der Gesamtladung Q lässt sich die Anzahl N der Kanäle bzw. Carrier nach

$$Q = Nze$$

berechnen.

Das transiente Signal liefert nicht nur Informationen über den Betrag und die Valenz der Ladungen; der Zeitverlauf des transienten Signals kann durch Exponentialfunktionen beschrieben werden, deren Zeitkonstanten die Übergangsraten zwischen den verschiedenen Konformationen widerspiegeln (s. ▶ Abschn. 7.1.4).

◻ **Abb. 3.38** Spannungsabhängigkeit einer Ladungsverteilung (normiert) zwischen zwei Zuständen. Die Spannungsabhängigkeit kann durch Fermi-Verteilung beschrieben werden. $z \cdot e^+$ entspricht der effektiven Ladung, die bei einem Übergang zwischen den beiden Zuständen verschoben wird

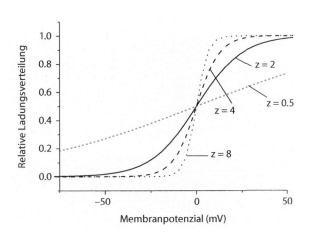

3.6 Patch-Clamp-Technik

Die Patch-Clamp-Technik (Nobelpreis 1991 (Neher 1991; Sakmann 1991)) ist eine Weiterentwicklung des Ein-Elektroden-Voltage-Clamp (für Details s. Sakmann und Neher 1995).

Das wesentliche Charakteristikum besteht in dem extrem hohen Widerstand im Bereich mehrerer GΩ, der sich bei engem Kontakt zwischen dem Pipettenrand und der Membranoberfläche ausbilden kann (s. ◘ Abb. 3.39, ◘ Abb. 3.40a). Dieser *seal*-Widerstand ermöglicht es, Membranströme im pA-Bereich aufzulösen. Damit ist es möglich, kleine Ströme über die Membran kleiner Zellen und sogar durch einzelne offene Kanalproteine zu detektieren. Um den hohen Abdichtwiderstand zu erreichen, müssen eine Reihe von Vorkehrungen bezüglich der Pipettenform und der Oberflächenreinheit getroffen werden. Die Pipettenspitze sollte eine Öffnung mit glattem Rand besitzen (s. ◘ Abb. 3.40b). Wenn eine solche Pipette auf die saubere Oberfläche einer Zelle (kultivierte Zellen oder enzymatisch gereinigte Zellen) in einer gefilterten Lösung gesetzt und zudem ein leichter Unterdruck an das Pipetteninnere gelegt wird, können sich spontan *seal*-Widerstände zwischen 1 und 100 GΩ ausbilden. Dieser hohe Abdichtwiderstand wird durch direkte Wechselwirkung auf atomarer Ebene zwischen der Oberfläche des Glases und der Zellmembran erreicht. Die wichtigsten Wechselwirkungen beruhen vermutlich auf der Bildung von Salzbrücken zwischen negativen Ladungen auf dem Glas und der Membranoberfläche durch divalente Kationen und Wasserstoffbrücken zwischen O-Gruppen auf der Glasoberfläche und O- oder N-Gruppen der Phospholipide, die die Membran bilden. Außerdem spielen van-der-Waals-Wechselwirkungen eine Rolle.

Je nach Pipettenform, Zelltyp und Dichte der Kanalproteine kann das elektrisch isolierte Membranstück einen oder mehrere Kanäle enthalten. Unter Voltage-Clamp führt das Öffnen und Schließen der Kanäle zu plötzlichen Stromänderungen, die registriert werden können (◘ Abb. 3.43 und ◘ Abb. 3.44). Das Prinzip des Patch-Clamp (◘ Abb. 3.41) ist ähnlich dem des Ein-Mikroelektroden- Voltage-Clamp (s. ◘ Abb. 3.24 und ◘ Abb. 3.34).

◘ **Abb. 3.39** Symbolisierte Patch-Pipette nach *seal*-Bildung (*cell-attached*)

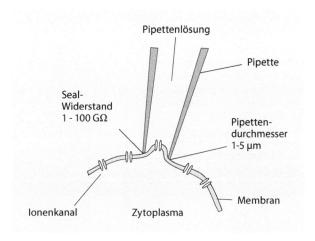

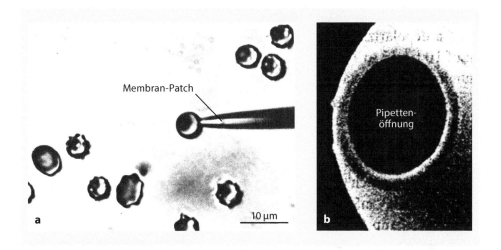

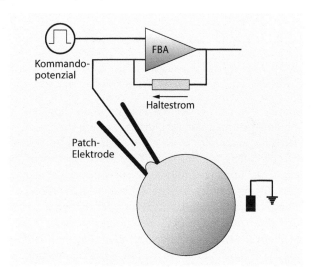

■ **Abb. 3.40** **a** Lichtmikroskopische Aufnahme einer Patch-Pipette, die mit einem Erythrozyten verbunden ist, **b** elektronenmikroskopische Aufnahme einer Patch-Pipettenöffnung. (Basierend auf Schwarz et al. 1989, Fig. 1, mit freundlicher Genehmigung von Elsevier AG, 1989)

■ **Abb. 3.41** Einfaches Diagramm von einer Zelle, einer Patch-Pipette und der nachgeschalteten Elektronik mit Rückkopplungsverstärker (FBA) für eine Patch-Clamp-Anordnung

3.6.1 Versionen der Patch-Clamp-Technik (Patch-Konformationen)

Neben dem hohen *seal*-Widerstand erhält die Membran-Glaswechselwirkung auch eine hohe mechanische Stabilität. Daher kann man auch mit Membranstücken arbeiten, die vollständig von der Zelle abgelöst sind. ■ Abb. 3.42 veranschaulicht, wie nach Bildung des GΩ-Widerstands (*cell-attached-* oder *on-cell*-Konformation) verschiedene weitere Konformationen erzielt werden können.

Nach Bildung des GΩ-Widerstands kann die Pipette von der Zelle weggeführt werden; in Abwesenheit von Ca^{2+} (oder anderen zweiwertigen Kationen) im Badmedium kann man so einen isolierten *inside-out*-Membran-Patch erhalten (■ Abb. 3.42a). In Ge-

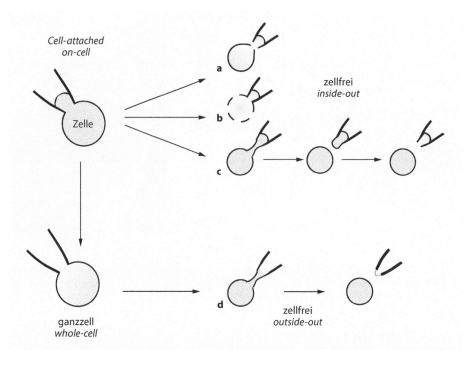

Cell-attached on-cell

a

zellfrei inside-out

b

Zelle

c

d

zellfrei outside-out

ganzzell whole-cell

■ **Abb. 3.42** Verschiedene Konformationen der Patch-Clamp-Methode

genwart von Ca^{2+} bildet sich dagegen an der Pipettenspitze ein Vesikel (■ Abb. 3.42c). Die der Badlösung zugekehrte Oberfläche kann aber mechanisch oder chemisch zerstört werden; Entsprechendes ist auch mit kleinen ganzen Zellen im *cell-attached*-Modus möglich (■ Abb. 3.42b). In allen drei Fällen erhält man einen sogenannten zellfreien, *inside-out*-Patch. Die Bildung eines *outside-out*-Patch erhält man, wenn das zunächst elektrisch isolierte Membranstück im *on-cell*-Modus durch erhöhten Unterdruck in der Pipette, durch einen starken Voltage-Clamp-Puls oder chemisch zerstört wird, was zur Ganzzell(*wholecell*)-Konfiguration führt. Nach Zurückziehen der Pipette von der Zelle in Ca^{2+}-haltigem Medium bildet sich dann der zellfreie, *outside-out*-Patch (■ Abb. 3.42d). Als Voraussetzung für das Wegziehen der Pipette von der Zelle muss diese am Boden der Kammer kleben bleiben.

3.6.2 Vorteile der verschiedenen Patch-Konformationen

Die Besonderheiten der verschiedenen Patch-Konformationen sind in ■ Tab. 3.2 zusammengestellt.

a. *On-cell (cell-attached)*: Untersuchung von Einzelkanaleigenschaften unter normalen physiologischen Bedingungen. Die Pipettenlösung entspricht in ihrer Zusammensetzung extrazellulären Bedingungen (ein Lösungswechsel ist prinzipiell über einen speziellen Pipettenhalter möglich). Ein Nachteil bei dieser Konformation ist der Umstand, dass das Potenzial des Membran-Patch nicht genau bekannt ist, da dem geklemmten

⬚ Tabelle 3.2 Charakteristika der verschiedenen Patch-Konformationen

Konformation	Pipetten-Lösung	Bad-Lösung	Charakteristika	Multi-Kanal	Einzel-Kanal	Carrier
On-cell	Extern	∴	Physiologische Bedingungen Problem: E_m überlagert	(Ja)	Ja	Nein
Inside-out (z. B. Ca^{2+}-aktivierte Kanäle)	Extern	Intern	Interner Lösungswechsel (Ca^{2+}, 2nd Messenger)	(Ja)	Ja	Nein
Outside-out (z. B. externe Inhibition)	Intern	Extern	Externer Lösungswechsel (Transmitter, Drogen, Gifte)	(Ja)	Ja	Nein
Whole-cell (z. B. Carrier oder Kanäle mit niedriger Leitfähigkeit)	Intern	Extern	Externer Lösungswechsel Nystatin-Perforation	Ja	(Ja)	Ja
Giant-Patch			Alle Varianten möglich, whole-cell großer Zellen	Ja	(Ja)	Ja

Potenzial das Ruhepotenzial der Zelle überlagert ist (s. ⬚ Abb. 3.41). Durch geeignete extrazelluläre Lösung kann das Membranpotenzial aber nahe 0 mV gebracht werden, oder bei einer sehr großen Zelle kann es über eine weitere Mikroelektrode gemessen werden.

b. *Inside-out*: Ungehinderter Zugang zur Membraninnenseite über die Badlösung, sodass die Wirkung intrazellulärer Substanzen studiert werden kann. Beispiel: Ca^{2+}-aktivierte K^+-Kanäle in Erythrozyten (⬚ Abb. 3.43). Ein Problem kann eventuell dadurch entstehen, dass eine essenzielle intrazelluläre Komponente in der Badlösung fehlt.

c. *Outside-out:* Ungehinderter Zugang zur extrazellulären Membranseite über die Badlösung, sodass die Wirkung extrazellulärer Substanzen studiert werden kann. Beispiel: Blockierung Cl^--selektiver Kanäle in K562-Zellen durch H_2DIDS (⬚ Abb. 3.44, s. auch Rettinger und Schwarz 1994).

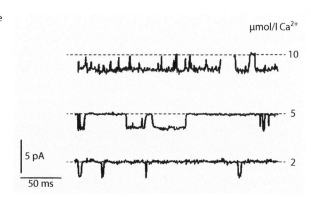

⬚ Abb. 3.43 Einzelkanalereignisse in humanen Erythrozyten (*inside-out*-Patch). Abwärts gerichtete Auslenkungen entsprechen Kanalöffnungen. (Basierend auf Schwarz et al. 1989, Fig. 5, mit freundlicher Genehmigung von Elsevier AG, 1989)

µmol/l Ca^{2+}

10

5

2

5 pA

50 ms

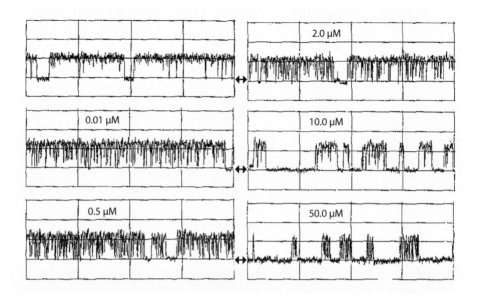

☐ **Abb. 3.44** Inhibierung Cl^--selektiver Kanäle in K562-Zellen durch verschiedene Konzentrationen von H_2DIDS in der Badlösung (*outside-out*-Patch). Aufwärts gerichtete Auslenkungen entsprechen Kanalöffnungen

Ein Problem kann hier dadurch entstehen, dass eine essenzielle intrazelluläre Komponente in der Pipettenlösung fehlt.

d. *Whole-cell:* Das Verhalten einer intakten Zelle mit all ihren zytoplasmatischen Komponenten lässt sich studieren, wenn das Membranstück in der Patch-Pipette für kleine Ionen permeabel gemacht wird, was z. B. durch Zugabe von Nystatin in die Pipettenlösung möglich ist (perforierter Patch, der den Verlust essenzieller zytoplasmatischer Komponenten verhindert) oder durch vollständige Zerstörung des Patches. Insbesondere die vollständige Zerstörung des Membranstücks in der Pipettenöffnung ermöglicht einen teilweisen Austausch bzw. eine Änderung der zytoplasmatischen Lösung über die Pipettenlösung. Nur kleine Zellen kommen für diese Konformation infrage, aber die Methode ermöglicht auch die Registrierung von Strömen, die durch Carrier generiert werden, oder von makroskopischen Strömen durch Ionenkanäle (Überlagerung des Öffnens und Schießens einer großen Zahl von Kanälen, s. ☐ Abb. 3.45).

e. *Giant*-Patch: Konventionelle Patch-Pipetten haben einen Spitzendurchmesser von 1–2 μm. Um Multikanalphänomene zu analysieren (wie die *gating*-Ströme, s. ▶ Abschn. 3.5.3), kann der Pipettendurchmesser auf 5 μm erhöht werden (Makro-Patch). Durch spezielle Behandlung der Pipettenspitze (s. z. B. Hilgemann 1990; Rettinger et al. 1994) können GΩ-Abdichtungen mit Pipettendurchmessern von bis zu 50 μm erreicht werden (*giant*-Patch). Mit dieser Technik können auch Ströme registriert werden, die von Ionenpumpen und Carriern generiert werden. *Cell-attached*, *inside-out*- sowie *outside-out*-Konfigurationen können mit *giant*-Patch-Pipetten erzeugt werden.

Im Folgenden soll kurz diskutiert werden, welche Informationen aus konventionellen Patch-Clamp- Registrierungen extrahiert werden können.

3.6.3 Einzelkanalstrom und -leitfähigkeit

Wir wollen zunächst eine einfache Betrachtung anstellen, um die Größenordnung der Einzelkanalströme und Leitfähigkeiten abzuschätzen, indem wir makroskopische Regeln auf die Diffusion von Ionen durch eine Pore anwenden. Wir sollten uns aber bewusst sein, dass die Anwendung makroskopischer Formalismen auf mikroskopische Phänomene problematisch sein kann.

a. Abschätzung von Einzelkanalströmen

Wir wollen eine kurze zylindrische Pore annehmen mit Parametern, wie sie in ◨ Abb. 3.46a illustriert sind. Der Strom durch eine solche Pore wäre

$$J = -zFAD\frac{dc}{dx} = -zF\pi r^2 D\frac{c}{l},$$

wenn kein elektrischer Potenzialgradient vorliegt ($E_m = 0$). Mit den Parameterwerten von ◨ Abb. 3.46 erhalten wir

$$J = 1,3 \cdot 10^{-16}\,\text{mol/s} \quad \text{oder} \quad 7,7 \cdot 10^7\,\text{Ionen/s}, \quad \text{entsprechend } 12\,\text{pA},$$

$$r = 3 \cdot 10^{-8}\,\text{cm (0,3 nm)}, \quad l = 5 \cdot 10^{-8}\,\text{cm (0,5 nm)}, \quad D = 1,5 \cdot 10^{-5}\,\text{cm}^2/\text{s},$$

$$c1 = 0, \quad c2 = 150\,\text{mM}.$$

Unter Berücksichtigung, dass der Zugang zur Porenöffnung aufgrund von Diffusionsprozessen eingeschränkt ist, hat die Pore eine scheinbar vergrößerte Porenlänge, die

◨ **Abb. 3.45** *Whole-Cell*-Ableitung für den P2X$_1$-Rezeptor der Ratte, der sich bei extrazellulärer Gabe von ATP als kationenselektiver Kanal vorübergehend öffnet

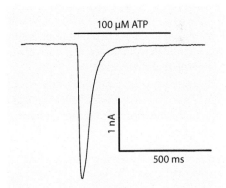

100 µM ATP

1 nA

500 ms

◨ **Abb. 3.46** Geometrie einer hypothetischen Pore **a** ohne und **b** mit Zugangswiderstand. (S. auch Hille 1992, 2001)

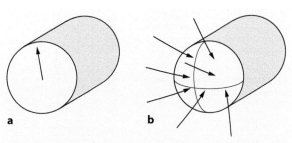

a

b

$r = 3 \times 10^{-8}$ cm (0.3 nm), $l = 5 \times 10^{-8}$ cm (0.5 nm), $D = 1.5 \times 10^{-5}$ cm^2/s
$c1 = 0, c2 = 150$ mM

sich durch Hinzufügung eines Zugangswiderstands beschreiben lässt (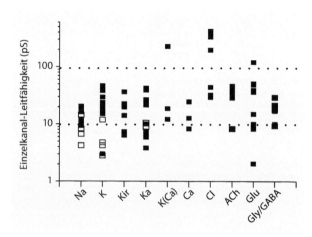 Abb. 3.46b):

$$R = \rho \left(\frac{l}{\pi r^2} + 2 \int_r^\infty \frac{da}{2\pi a^2} \right) = \frac{\rho}{\pi r^2}\, (l + r)\,.$$

Eine präzisere Berechnung erhält man, wenn man die Integration von einer ebenen Porenöffnung und nicht, wie in ▢ Abb. 3.46b illustriert, von einer sphärischen Eintrittsfläche durchführt:

$$R = \frac{\rho}{\pi r^2} \left(l + \frac{\pi r}{2} \right)$$

und somit gilt $l^* = (l + \pi r / 2)$.

Mit dieser scheinbaren Länge l^* erhalten wir: $J = 4 \cdot 10^7$ Ionen/s oder 6 pA (wir wollen uns in Erinnerung rufen, dass die typische Transportrate eines Carriers im Bereich von nur 1–100 Translokationen pro Sekunde liegt).

b. Abschätzung der Einzelkanalleitfähigkeit

Mit dem spezifischen Widerstand einer physiologischen Lösung von $\rho = 100\,\Omega\mathrm{cm}$ (s. ▢ Tab. 2.2) erhalten wir einen Einzelkanalwiderstand von $R = \rho l / \pi r^2 = 1{,}8\,\mathrm{G}\Omega$. Unter Berücksichtigung des Zugangswiderstands ergibt sich $R = 3{,}5\,\mathrm{G}\Omega$ oder für die Einzelkanalleitfähigkeit $\gamma \approx 300\,\mathrm{pS}$. Das wäre die Leitfähigkeit einer weiten, kurzen Pore, durch die die Ionen in freier Diffusion die Membran überqueren können, und somit die maximale Einzelkanalleitfähigkeit, die man erwarten könnte. Tatsächliche, experimentell ermittelte Werte sind in ▢ Abb. 3.47 zusammengestellt.

Die Registrierung von Einzelkanalströmen liefert Informationen über die Einzelkanalleitfähigkeit und über den Öffnungs-Schließungsmechanismus (*gating*), der die Übergänge zwischen den geschlossenen und offenen Porenkonformationen beschreibt:

1. Einzelkanalleitfähigkeit

    a. Diese kann zur Klassifizierung verschiedener Kanaltypen dienen (s. ▢ Abb. 3.47).

    b. Veränderungen in der Leitfähigkeit können Informationen über den Wirkungsmechanismus von chemischen Substanzen (z. B. Pharmaka) liefern.

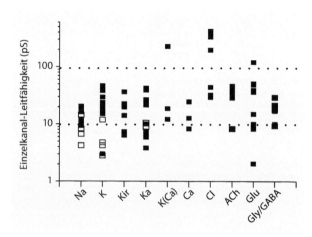

▢ **Abb. 3.47** Gemessene Einzelkanalleitfähigkeiten für Na$^+$-, K$^+$-, Ca^{2+}- und Cl$^-$-Kanäle und transmitteraktivierte Kanäle (nach Hille 1992). Gefüllte Symbole entstammen aus Einzelkanalanalysen, offene Symbole aus der Analyse von Stromfluktuationen. (Basierend auf Hille 2001, Fig. 12.8, mit freundlicher Genehmigung von Oxford University Press, USA 2001)

c. Veränderungen in der Leitfähigkeit aufgrund von Mutationen können Informationen über Struktur-Funktionsbeziehungen liefern.

2. *Gating*-Mechanismus

Um *gating*-Eigenschaften zu analysieren, können Histogramme für die Verweilzeiten eines Kanals im offenen oder geschlossenen Zustand aufgestellt werden. Die Histogramme können durch Exponentialfunktionen beschrieben werden:

$$N = \sum A_i e^{-t/\tau_i}.$$

Jede Zeitkonstante τ_i kann als mittlere Verweilzeit eines Kanals in einem bestimmten Zustand betrachtet werden. Eine Abnahme der Verweilzeit im offenen (τ_o) oder geschlossenen (τ_c) Zustand würde einer Erhöhung der Rate zum Verlassen des jeweiligen Zustands entsprechen.

Ein Beispiel für das *gating* einzelner Kanäle zeigt ▪ Abb. 3.48. Die Verteilungen der Offen- und Geschlossenzeiten in Abwesenheit von Vanadat können jeweils durch eine einzelne Exponentialfunktion ($\tau_o \sim \tau_c \sim 5\,ms$) beschrieben werden; in Gegenwart von Vanadat ist τ_o nicht verändert, aber die Verteilung der Geschlossenzeiten muss jetzt durch

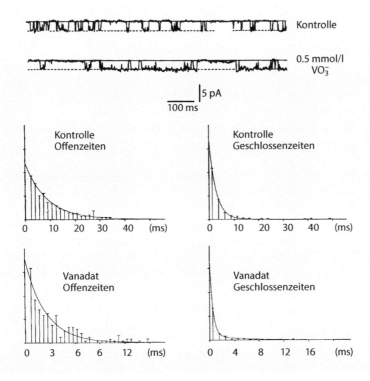

▪ **Abb. 3.48** Einzelkanalregistrierung und Histogramme der Offen- und Geschlossenzeiten für Ca^{2+}-aktivierbare K^+-Kanäle in menschlichen Erythrozyten und deren Beeinflussung durch Applikation von Vanadat (nach Fuhrmann et al. 1985). Zu beachten sind die unterschiedlich skalierten Zeitachsen für die Geschlossenzeiten. Aufwärts gerichtete Auslenkungen in der Einzelkanalregistrierung entsprechen Kanalöffnungen. (basierend auf Fuhrmann et al. 1985, Fig. 11, mit freundlicher Genehmigung von Elsevier AG, 1985)

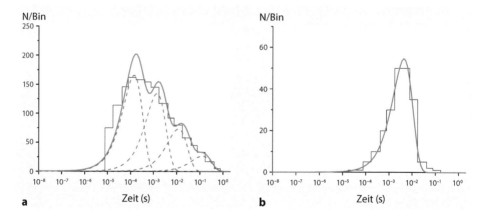

□ Abb. 3.49 Wahrscheinlichkeitsdichtefunktion der Verweildauern im **a** geschlossenen und **b** offenen Zustand eines hypothetischen Kanals

zwei Zeitkonstanten ($\tau_{c1} \sim 1\,\mathrm{ms}$, $\tau_{c2} \sim 10\,\mathrm{ms}$) beschrieben werden. Die Anzahl der Zeitkonstanten gibt uns die Anzahl der offenen bzw. geschlossenen Zustände an. Der unbehandelte Kanal der Erythrozytenmembran besitzt offensichtlich einen offenen und einen geschlossenen Zustand, aber in Gegenwart von Vanadat zwei geschlossene Zustände.

Die Histogramme können Informationen liefern über

— Reaktionsdiagramme mit möglichen Übergängen zwischen verschiedenen Kanalzuständen,

— Wirkungsmechanismen von z. B. sekundären Botenstoffen (*second messengers*), Pharmaka oder Giften,

— Struktur-Funktionsbeziehungen, wenn mutierte oder chemisch veränderte Kanäle mit den ursprünglichen verglichen werden.

Die Verteilung der Offen- und Geschlossenzeiten kann auch durch Histogramme mit einer logarithmischen Auftragung der Wahrscheinlichkeitsdichtefunktion (pd-Funktion) dargestellt werden (Sigworth und Sine 1987; Sakmann und Neher 1995). In dieser Darstellung lassen sich bequem die mittleren Verweilzeiten τ_i ermitteln, da sie in der pd-Funktion als Maxima bei $t = \tau_i$ auftreten (s. □ Abb. 3.49). In diesem Beispiel wird die Geschlossenzeitverteilung durch eine Summe von vier Komponenten (□ Abb. 3.49a), die Offenzeitverteilung (□ Abb. 3.49b) durch eine einzige (□ Abb. 3.49b) beschrieben (s. auch Rettinger und Schwarz 1994).

3.6.4 Sniffer-Patch

In ▶ Abschn. 3.4.4 haben wir die Karbonfasertechnik als Methode eingeführt, um elektrochemisch winzige Mengen eines Stoffs über eine Redoxreaktion nachzuweisen. Es wurden die Amperometrie und die zyklische Voltametrie beschrieben, die es ermöglichen, schnell und hochempfindlich sensitiv die Freisetzung von z. B. Transmittern zu detektieren. Aufgrund der Anwesenheit hoher Spiegel an Antioxidantien unter physiologischen Bedingungen im Gewebe werden positive Potenziale an der Spitze der Karbonfaser im Allgemeinen

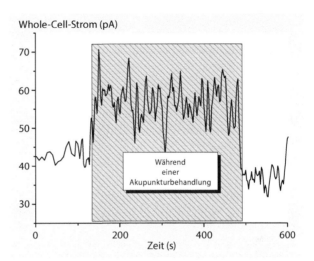

□ **Abb. 3.50** *Whole-cell*-Strom einer menschlichen Mastzelle (HMC-1) bei +100 mV während einer Umspülung der Zelle mit einem Mikrodialysat von einer Ratte, die während des Experiments für 5 min akupunktiert wurde (markiert durch den *blau schraffierten Bereich*) (nach unpublizierten Daten von Meng Huang und Yong Wu, mit freundlicher Genehmigung)

den jeweiligen Mediator oxidieren. Voraussetzung für die Anwendung der Methode ist, dass das Molekül an der Karbonfaserspitze leicht zwischen der oxidierten und reduzierten Form transferiert werden kann.

Mit der hochempfindlichen Patch-Clamp-Technik können Membran-Patches aus Zellen untersucht werden, in denen Rezeptorproteine überexprimiert werden, die hochspezifisch durch entsprechende Hormone, Transmitter oder andere extrazelluläre, von anderen Zellen freigesetzte Mediatoren aktiviert werden können. Mit solchen sogenannten Schnüffel-(*sniffer*)-Patches (s. z. B. Allen 1997; Muller-Chretien 2014) ist es möglich, einige wenige Moleküle durch die Aktivierung von entsprechenden, ligandengesteuerten Ionenkanäle in dem Membran-Patch zu detektieren. Kalibrierte Stromsignale der „Detektor"-Kanäle liefern dann die hochspezifischen und schnellen Antworten. Für die Detektion eignen sich *outside-out*-Patches oder die Ganzzellkonfiguration. Die elektrische Antwort lässt sich damit in unmittelbarer Nähe der ausschüttenden Zelle oder auch einem anderen Ort detektieren. Zwar hat diese Methode ein hohes räumliches und zeitliches Auflösungsvermögen, aber der Konzentrationsbereich ist auf Konzentrationen um den scheinbaren K_m-Wert des Rezeptorkanals beschränkt. Die Freisetzung von Mediatoren aus Kulturzellen, Zellen in Gewebeschnitten oder durch Licht induzierte Freisetzung gebundener (*caged*) Moleküle kann nachgewiesen werden, und es können sogar Änderungen von Mediatoren in Mikrodialysaten verfolgt werden. □ Abb. 3.50 illustriert als Beispiel die Freisetzung eines Mediators im Mikrodialysat einer Ratte unter Akupunkturbehandlung.

3.7 Übungsaufgaben

1. Beschreiben Sie die verschiedenen Phasen eines Elektrokardiogramms.
2. Wie würde eine EKG-Registrierung aussehen, wenn die zwei Beine als indifferente Elektrode dienten und am rechten Arm abgeleitet würde?
3. Beschreiben Sie das Prinzip der Ussing-Kammer.
4. Wie wird der Kurzschlussstrom gemessen, und was lässt sich aus dem Kurzschlussstrom ermitteln?

5. Wie ist ein Mikroelektroden-Array (MEA) aufgebaut? Was sind die Vor- und Nachteile eines MEA gegenüber anderen elektrophysiologischen Methoden?
6. Welche Zellen und Präparate können in MEA-Experimenten untersucht werden?
7. Welche Art von elektrischen Signalen können mit einem MEA-System detektiert werden?
8. Was ist der Anwendungsbereich der MEA-Technologie?
9. Beschreiben Sie die Konstruktionsmerkmale einer Mikroelektrode. Welche Potenzialdifferenzen müssen berücksichtigt werden, wenn man ein Membranpotenzial bestimmen möchte?
10. Beschreiben Sie die Grundlagen und den Aufbau einer Ag/AgCl-Elektrode. Welche Probleme können auftreten, wenn man eine Ag/AgCl-Elektrode als Badelektrode verwendet?
11. Warum verwendet man 3 M KCl in einer Mikroelektrode? Welche Probleme können daraus entstehen?
12. Welche Lösungszusammensetzung sollte man bei Patch-Pipetten verwenden?
13. Wie ist eine ionenselektive Mikroelektrode aufgebaut, und worauf basiert ihr Prinzip?
14. Wie ist eine Karbonfaserelektrode aufgebaut, und worauf basiert ihr Prinzip?
15. Was sind die Aufgaben eines OP-Verstärkers und eines Spannungsfolgers? Erklären Sie das Prinzip des Voltage-Clamp.
16. Wie viele Elektroden werden beim Voltage-Clamp benötigt?
17. Unter welchen Bedingungen ist es möglich, Voltage-Clamp mit nur einer Elektrode durchzuführen?
18. Worin besteht der Unterschied zwischen Voltage-Clamp und Current-Clamp?
19. Beschreiben Sie ein typisches Voltage-Clamp-Protokoll, und begründen Sie das Pulsprotokoll.
20. Warum ist es möglich, bei der Patch-Clamp-Technik mit nur einer Elektrode zu arbeiten?
21. Welche Voraussetzungen sind für eine erfolgreiche *seal*-Bildung notwendig?
22. Welche atomaren Kräfte sind bei der *seal*-Bildung beteiligt?
23. Zählen Sie die verschiedenen Patch-Konformationen auf, und benennen Sie die jeweiligen Anwendungsmöglichkeiten.
24. Formulieren Sie das Sampling-Theorem, und erläutern Sie die Konsequenzen.
25. Welche Rauschquellen kennen Sie?
26. Wie lässt sich Rauschen minimieren?
27. Stellen Sie eine Tabelle zusammen, in der die verschiedenen Voltage-Clamp-Verfahren mit ihren charakteristischen Anwendungen aufgelistet sind.
28. Welche Informationen lassen sich aus Stromfluktuationen entnehmen, und welche Annahmen sind dafür notwendig?
29. Welche Informationen lassen sich aus transienten Ladungsbewegungen entnehmen?

Literatur

Adrian RH, Chandler WK, Hodgkin AL (1970) Voltage clamp experiments in striated muscle fibres. J Physiol 208:607–644
Allen TGJ (1997) The 'sniffer-patch' technique for detection of neurotransmitter release. Trends Neurosci 20:192–197

Axon Instruments (1993) The axon guide for electrophysiology and biophysics. Axon Instruments, California

Boven K-H, Fejtl M, Moller A, Nisch W, Stett A (2006) On micro-electrode array revival. In: Baudry M, Taketani M (Hrsg) Advances in network electrophysiology using multi-electrode arrays. Springer, New York

Cole KS (1949) Dynamic electrical characteristics of the squid axon membrane. Arch Sci Physiol 3:253–258

Einthoven W (1925) The string galvanometer and the measurement of the action currents of the heart. Nobel Lectures, Physiology or Medicine 1922–1941. Elsevier, Amsterdam

Fromherz P, Offenhäusser A, Vetter T, Weis J (1991) A neuron-silicon junction: a Retzius cell of the leech on an insulated-gate field-effect transistor. Science 252:1290–1293

Fuhrmann GF, Schwarz W, Kersten R, Sdun H (1985) Effects of vanadate, menadione, and menadione analogs on the Ca2+-activated K+ channels in human red blood cells: Possible relations to membrane-bound oxidoreductase activity. Biochim Biophys Acta 820:223–234

Gilmartin MA, Hart JP (1995) Sensing with chemically and biologically modified carbon electrodes. A review. Analyst 120:1029–1045

Gomez JF, Brioso MA, Machado JD, Sanchez JL, Borges R (2002) New approaches for analysis of amperometrical recordings. Ann N Y Acad Sci 971:647–654

Hilgemann DW (1990) Giant excised cardiac sarcolemmal membrane patches: sodium and sodium-calcium exchange currents. Pflügers Arch 415:247–249

Hille B (1970) Ionic channels in nerve membranes. Progr Biophys Mol Biol 21:1–32

Hille B (1992) Ionic channels of excitable membranes, 2. Aufl. Sinauer, Sunderland

Hille B (2001) Ionic channels of excitable membranes, 3. Aufl. Sinauer, Sunderland

Hodgkin AL, Huxley AF, Katz B (1952) Measurement of current-voltage relations in the membrane of the giant axon of Loligo. J Physiol Lond 116:424–448

Katz AM (1977) Physiology of the Heart. Raven Press, New York

Kawagoe KT, Zimmerman JB, Wightman RM (1993) Principles of voltammetry and microelectrode surface states. J Neurosci Methods 48:225–240

Kostuk PG, Krishtal OA (1984) Methods in the neurosciences. Intracellular perfusion of excitable cells. IBRO handbook series, Bd. 5. Wiley, Chichester

Ling G, Gerard RW (1949) The normal membrane potential of frog sartorius fiber. J Cell Comp Physiol 34:383–396

Lüke HD (1999) The origins of the sampling theorem. IEEE Communic Mag 37:106–108

Marmont G (1949) Studies on the axon membrane: a new method. J Cell Physiol 34:351–382

Muller-Chretien E (2014) Outside-out SSniffer-Patch"clamp technique for in situ measures of neurotransmitter release. In: Martina M, Taverna S (Hrsg) Patch-clamp methods and protocols. Springer, New York, S 195–204

Multi Channel Systems MCS (2015) Multielectrode arrays. www.multichannelsystems.com. Zugegriffen: 17. Febr. 2018

Neher E (1997) Ion channels for communication between and within cells. In: Ringertz N (Hrsg) Nobel Lectures, Physiology or Medicine: 1991–1995. World Scientific Pub, Singapore

Nonner W (1969) A new voltage clamp method for Ranvier nodes. Pflügers Arch 309:176–192

Ponchon J, Cespuglio LR, Gonon F, Jouvet M, Pujol JF (1979) Normal pulse polarography with carbon fiber electrodes for in vitro and in vivo determination of catecholamines. Anal Chem 51:1483–1486

Rettinger J, Schwarz W (1994) Ion-selective channels in K562 cells: a patch-clamp analysis. J Basic Clinic Physiol Pharmacol 5:1–18

Rettinger J, Vasilets LA, Elsner S, Schwarz W (1994) Analysing the Na+/K+-pump in outside-out giant membrane patches of Xenopus oocytes. In: Bamberg E, Schoner W (Hrsg) The sodium pump. Steinkopff, Darmstadt, S 553–556

Sakmann B (1997) Elementary steps in synaptic transmission revealed by currents through single ion channels. In: Ringertz N (Hrsg) Nobel lectures, physiology or medicine 1991–1995. World Scientific Pub, Singapore

Sakmann B, Neher E (1995) Single-channel recording, 2. Aufl. Plenum Press, New York

Schwarz W (1983) Sodium and potassium channels in myelinated nerve fibers. Experientia 39:935–941

Schwarz W, Grygorczyk R, Hof D (1989) Recording single-channel currents from human red-cells. Meth Enzymol 173:112–121

Sigworth FJ, Sine SM (1987) Data transformations for improved display and fitting of single- channel dwell time histograms. Biophys J 52:1047–1054

Spira ME, Hai A (2013) Multi-electrode array technologies for neuroscience and cardiology. Nat Nanotech 8:83–94

Stämpfli R (1954) A new method for measuring membrane potentials with external electrodes. Experientia 10:508–509

Stett A, Egert U, Guenther E, Hofmann F, Meyer T, Nisch W, Haemmerle H (2003) Biological application of microelectrode arrays in drug discovery and basic research. Anal Bioanal Chem 377:486–495

Stutzki H, Leibig C, Andreadaki A, Fischer D, Zeck G (2014) Inflammatory stimulation preserves physiological properties of retinal ganglion cells after optic nerve injury. Front Cell Neurosci 8:38

Taglialatela M, Toro L, Stefani E (1992) Novel voltage clamp to record small, fast currents from ion channels expressed in Xenopus oocytes. Biophys J 61:78–82

Taylor RE (1963) Cable theory. In: Nastuk WL (Hrsg) Physical techniques in biological research. Academic Press, New York, S 219–262

Thomas RC (1978) Ion-selective intracellular microelectrodes. How to make and use then. Academic Press, New York

Ussing HH, Zerahn K (1951) Active transport of sodium as the source of electric current in the short-circuited isolated frog skin. Acta Physiol Scand 23:110–127

Automatisierte Elektrophysiologie

© Springer-Verlag GmbH Deutschland, ein Teil von Springer Nature 2018
J. Rettinger, S. Schwarz, W. Schwarz, *Elektrophysiologie*, https://doi.org/10.1007/978-3-662-56662-6_4

Ionenkanäle und elektrogene Transporter sind an zahlreichen physiologischen und pathophysiologischen Prozessen beteiligt. Dies macht sie zu interessanten Untersuchungsobjekten der Pharmaforschung, mit dem Ziel Medikamente zu entwickeln, die in definierter Art und Weise mit Ionenkanälen und Transportern interagieren. Obwohl auch andere, nichtelektrophysiologische Methoden zur Verfügung stehen, die jedoch eine eher indirekte Untersuchung von Kanälen und Transportern erlauben (z. B. Bindungs-Assays oder optische Methoden), bedarf es zur genauen Analyse der Arzneimittelwirkung auf Ionenkanälen immer noch der Verwendung elektrophysiologischer Methoden, wie der Zwei-Elektroden-Spannungsklemme oder der Patch-Clamp-Technik; nur diese erlauben es uns, das Membranpotenzial zu kontrollieren. Leider sind die klassischen elektrophysiologischen Methoden technisch anspruchsvoll, benötigen gut geschultes Personal und generieren Ergebnisse mit sehr geringem Durchsatz.

Dieser geringe Durchsatz stellt für die kommerzielle Pharmaforschung ein ernstes Hindernis dar, muss doch eine immense Anzahl von Substanzen untersucht werden, um eine kleine Anzahl von Leitsubstanzen zu identifizieren. Abhilfe schaffte die Entwicklung automatisierter Systeme, die elektrophysiologische Verfahren wie die Zwei-Elektroden-Spannungsklemmung an *Xenopus*-Oozyten oder die Patch-Clamp-Technik mit höherem Durchsatz ermöglichen.

4.1 Automatisiertes Zwei-Elektroden-Voltage-Clamp- Verfahren

In ► Abschn. 3.5.1 (Zwei-Mikroelektroden-Spannungsklemme) haben wir kurz die Zwei-Elektroden-Spannungsklemmen-Methode an *Xenopus* Oozyten beschrieben. Darüber hinaus wird diese Methode in ► Abschn. 9.3 des Anhangs als ein Beispiel für die praktische Anwendung der Elektrophysiologie angeführt. Obwohl immer wieder die Meinung vertreten wird, dass die Zwei-Elektroden-Methode bald vollständig durch die Patch-Clamp-Methode ersetzt werden würde, erfreut sie sich immer noch großer Beliebtheit und hat ihre Berechtigung in einer Vielzahl von Anwendungen. Tatsächlich ist sie die Methode der Wahl z. B. zur Charakterisierung von Arzneimittelwirkungen auf ligandengesteuerte Kanäle, deren Funktion stark von der Stöchiometrie ihrer Untereinheiten abhängt. Da die Pharmaindustrie sehr an Datenqualität, bei hohem Durchsatz und Kosteneffizienz, interessiert ist, wurde im Jahre 2002 der sogenannte Roboocyte entwickelt und auf den Markt gebracht (Schnizler et al. 2003). Zusätzlich zu seiner Eigenschaft, vollautomatisch und unbeaufsichtigt die erforderlichen Messprotokolle abzuarbeiten, war es mit ihm auch erstmals möglich, die Oozyteninjektion von DNA und RNA zu automatisieren (s. ► Abschn. 7.1.2); eine Prozedur, die zuvor ebenfalls ausschließlich manuell durchgeführt werden musste, was wiederum technisch anspruchsvoll und zeitaufwendig war. Im Jahr 2010 wurde der Roboocyte durch die Nachfolgemodelle Roboocyte2 (zur Messung s. ◧ Abb. 4.1) und Roboinject (zur Injektion) ersetzt (Clemencon et al. 2014; Orhan et al. 2014). Grundprinzip beider Maschinen ist es, dass sich die Oozyten in 96-Well-Platten befinden – jeweils eine Oozyte pro Well – und die Oozytenplatte mit Mikrometerauflösung genau unterhalb des Messkopfes bewegt wird. Der Messkopf beinhaltet die beiden Glaselektroden, zwei Badelektroden und die Perfusionseinheit. Zur Messung bewegt sich der Messkopf zur Oozyte, bis die beiden Glaselektroden in die Zelle einstechen. Dies geschieht unter vollständiger Kontrolle der Software, die einen erfolgreichen Einstich anhand der Änderung des Elektrodenpotenzials, verursacht durch das negative

Abb. 4.1 Roboocyte2, ein vollautomatisches System zur Durchführung von TEVC-Experimenten an *Xenopus*-Oozyten. (www.multichannelsystems.com), mit freundlicher Genehmigung von Multi Channel Systems MCS GmbH (2016)

Membranpotenzial der Oozyte, erkennt. Nach dem Ablauf programmierbarer Qualitäts-kontrollen für Leckstrom und Stromstabilität beginnt das experimentelle Protokoll durch Lösungswechsel und Änderungen der Haltespannung, ganz genau wie man es von der Durchführung eines „manuellen" TEVC-Experiments gewohnt ist. Da der Roboocyte die Experimente an individuellen Oozyten sequenziell durchführt, sollte man hier allerdings nicht von „Hochdurchsatz" sprechen. Trotzdem können diese Maschinen den Durchsatz steigern, denn sie arbeiten unbeaufsichtigt – auch über Nacht – und sind im Vergleich zu einem manuellen Setup einfacher zu bedienen. Ein weiteres automatisiertes System ist ein Gerät namens HiClamp (s. Abb. 4.2), das 2011 entwickelt und auf den Markt gebracht wurde (Utkin et al. 2012). Wiederum werden Oozyten in 96-Well-Mikrotiterplatten vor-gelegt, aber im Gegensatz zum Roboocyte zur elektrophysiologischen Charakterisierung aus den Wells entnommen: Dazu werden sie vollautomatisch in einen kleinen Korb aus Platindraht überführt, der gleichzeitig als geerdete Badelektrode dient, und die Messung erfolgt, während sich die Oozyte im Platinkörbchen befindet. Diese Vorgehensweise löst das Problem, dass bei der klassischen Perfusion große Mengen (Milliliter) an Lösung benötigt werden, um die die Oozyte umgebende Lösung vollständig zu wechseln. Zum Problem wird dieser Umstand, wenn teure Chemikalien oder Verbindungen, die nicht in großen Mengen verfügbar sind – wie z. B. natürliche Toxine – getestet werden sollen. Mit der „frei laufenden" Oozyte ist es nun möglich, die Oozyte unter Spannungsklemme von Lösung zu Lösung zu transportieren. Da auch die Testlösungen in 96-Well-Platten vorliegen, ermöglicht die HiClamp definierte und vollständige Lösungswechsel mit einem Lösungsvolumen von nur 200 μl. Da die „benutzte" Lösung nach Beendigung des Experi-ments an einer Oozyte noch im Well ist, ist es sogar möglich, das gleiche Volumen für bis zu fünf unabhängige Experimente wiederzuverwenden. Allen beschriebenen Systemen

Abb. 4.2 HiClamp, ein voll-
automatischer Roboter zur
Durchführung von TEVC-Experimenten an *Xenopus*-Oozyten.
(www.multichannelsystems.com),
mit freundlicher Genehmigung von
Multi Channel Systems MCS GmbH
(2016)

gemeinsam ist ihre nahezu vollständige Automatisierung, dass sie als gebrauchsfertige Systeme (mit eingebauten hochwertigen Verstärkern und Aufzeichnungs- und Analysesoftware) erhältlich sind und unbeaufsichtigt bis zu 96 Oozyten verarbeiten.

4.2 Automatisiertes Patch-Clamp-Verfahren

Die Patch-Clamp-Methode (s. auch ► Abschn. 3.6) wurde Ende der 1970er-Jahre von den deutschen Wissenschaftlern Erwin Neher und Bert Sakmann (1976) entwickelt, wofür sie 1991 den Nobelpreis für Medizin erhielten (Neher 1991; Sakmann 1991). Bald nachdem die ersten Veröffentlichungen mit dieser Methode erschienen, waren erste Patch-Clamp-Verstärker im Handel erhältlich. Schnell wurde Patch-Clamp sehr populär, und eine Vielzahl an Elektrophysiologie-Laboren wurde mit einem Patch-Clamp-Setup ausgestattet.

   Durch die fortschreitenden Entwicklungen in der Molekular- und Zellbiologie und einhergehend mit der zunehmenden Etablierung von Säugetier-Expressionssystemen wurde die Elektrophysiologie immer mehr zum methodischen Engpass bei der Analyse von mutierten Ionenkanälen und dem Wirkstoff-Screening in der pharmazeutischen Industrie. Erst die Entwicklung automatisierter Patch-Clamp-Systeme konnte die Problematik der methodischen Komplexität, der hohen Kosten pro erzeugtem Datenpunkt und der Notwendigkeit der Einbindung hochqualifizierten Personals auflösen.

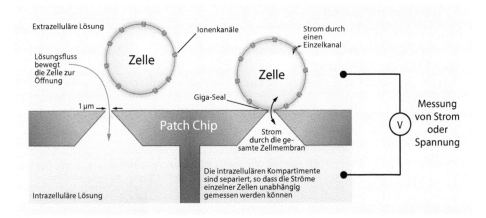

☐ Abb. 4.3 Schematische Darstellung eines planaren Patch-Chips mit einer Zelle vor der Annäherung an die Chip-Öffnung und nach der Etablierung der Whole-Cell-Konfiguration. (Von Gregory Holst (Holst 2012))

Beim manuellen Patchen (s. auch ▶ Abschn. 3.6) beginnt das Experiment mit der Vorbereitung der Patch-Pipette (Ziehen der Glaskapillare, Hitzepolieren der Spitze, Füllen der Patch-Pipette und Einsetzen in den Pipettenhalter). Danach muss die „geeignete" Zelle unter dem Mikroskop identifiziert werden und die Pipettenspitze (bei leichtem Überdruck in der Pipette) langsam und präzise an die Zelle herangeführt werden. Nachdem Zelle und Pipettenspitze Kontakt haben, wird ein leichter Unterdruck angelegt bis sich der *gigaseal* ausbildet. Vor der eigentlichen Messung muss dann noch die gewünschte Messkonfiguration, Whole-Cell, Inside- oder Outside-Out, etabliert werden.

Die eigentliche Messung wird dann einhergehend mit einer Folge von Lösungswechseln und/oder Spannungsprotokollen durchgeführt, um letztlich den Ionenkanal oder Transporter unter dem Einfluss unterschiedlicher Substanzen zu charakterisieren. Die meisten der erhältlichen, automatisieren Systeme vollführen die oben aufgeführten Prozeduren unter Verwendung von planaren Chips, die eine oder mehrere 1–2 μm weite Öffnungen enthalten (s. ☐ Abb. 4.3) und damit die Öffnungen der klassischen Patch-Pipetten nachahmen (Fertig et al. 2002).

Die Zellen werden in der Regel automatisch in die chiptragenden Kammern überführt, meist durch eine integrierte Mikrofluidik oder durch geeignete Pipettierroboter. Teilweise rückkopplungsgesteuerte Drucksysteme bewirken dann die Bewegung der Zelle zur Chip-Öffnung und die Ausbildung des *gigaseal* und der *whole-cell*-Konfiguration. Der Lösungswechsel wird dann je nach System durch Pipettieren der Lösungen oder durch die Verwendung von in die Multi-Well-Chip-Platte integrierten mikrofluidischen Kanälen realisiert. Der planare chipbasierte Ansatz hat dabei mehrere wesentliche Vorteile gegenüber der manuellen Patch-Clamp-Methode: Automatisierung, Parallelisierung und Benutzerfreundlichkeit. Mit den neuesten Systemen auf dem Markt ist es nun möglich, von bis zu 768 Zellen parallel abzuleiten, was es der Pharmaindustrie ermöglicht, die „Gold-Standard" Patch-Clamp-Technik bereits in früheren Stadien der Arzneimittelentwicklung zu nutzen.

4.3 Übungsaufgaben

1. Was sind die Vorteile der automatisierten Elektrophysiologie im Vergleich zu manuellen Methoden?
2. Warum interessiert sich vor allem die Pharmaindustrie für die automatisierte Elektrophysiologie?
3. Was ist der entscheidende Unterschied zwischen Elektrophysiologie und anderen optischen oder Bindungs-Assay-basierten Systemen bei der Charakterisierung von Ionenkanälen oder elektrogenen Transportern?
4. Warum ist TEVC an Oozyten immer noch eine nützliche Methode?
5. Was ist die Grundlage der meisten automatisierten Patch-Clamp-Systeme?

Literatur

Clemencon B, Fine M, Luscher B, Baumann MU, Surbek DV, Abriel H, Hediger MA (2014) Expression, purification, and projection structure by single particle electron microscopy of functional human TRPM4 heterologously expressed in Xenopus laevis oocytes. Protein Expr Purif 95:169–176

Fertig N, Blick RH, Behrends JC (2002) Whole cell patch clamp recording performed on a planar glass chip. Biophys J 82:3056–3062

Holst G (2012) Automated Patch Clamp. https://en.wikipedia.org/wiki/Automated_patch_clamp#/media/File:Patch_Clamp_Chip.svg. Zugegriffen: 17. Febr. 2018

Multi Channel Systems MCS GmbH (2016) Xenopus oocyte research. www.multichannelsystems.com. Zugegriffen: 17. Febr. 2018

Neher E (1991) Ion channels for communication between and within cells. Nobel Lectures 1991–1995

Neher E, Sakmann B (1976) Single-channel currents recorded from membrane of denervated frog muscle fibres. Nature 260:799–802

Orhan G, Bock M, Schepers D, Ilina EI, Reichel SN, Löffler H, Jezutkovic N, Weckhuysen S, Mandelstam S, Suls A, Danker T, Guenther E, Scheffer IE, De Jonghe P, Lerche H, Maljevic S (2014) Dominant-negative effects of KCNQ2 mutations are associated with epileptic encephalopathy. Ann Neurol 75:382–394

Sakmann B (1991) Elementary steps in synaptic transmission revealed by currents through single ion channels. Nobel Lectures 1991–1995.

Schnizler K, Küster M, Methfessel C, Fejtl M (2003) The roboocyte: automated cDNA/mRNA injection and subsequent TEVC recording on Xenopus oocytes in 96-well microtiter plates. Receptors Channels 9:41–48

Utkin YN, Weise C, Kasheverov IE, Andreeva TV, Kryukova EV, Zhmak MN, Starkov VG, Hoang NA, Bertrand D, Ramerstorfer J, Sieghart W, Thompson AJ, Lummis SC, Tsetlin VI (2012) Azemiopsin from Azemiops feae viper venom, a novel polypeptide ligand of nicotinic acetylcholine receptor. J Biol Chem 287:27079–27086

Ionenselektive Kanäle

© Springer-Verlag GmbH Deutschland, ein Teil von Springer Nature 2018
J. Rettinger, S. Schwarz, W. Schwarz, *Elektrophysiologie*, https://doi.org/10.1007/978-3-662-56662-6_5

Die ionenselektiven Leitfähigkeiten bzw. Permeabilitäten einer Zellmembran haben ihre Grundlage in erster Linie in ionenselektiven Kanälen, aber auch in elektrogenen Carriern, wobei die beiden Leitfähigkeitsformen durch sehr unterschiedliche Transportraten charakterisiert sind (s. ◨ Tab. 5.1). Wir wollen im Folgenden zunächst die Kanäle detaillierter besprechen, die bei tierischen Zellen den wesentlichen Beitrag zum Membranpotenzial liefern. Die Unterschiede der verschiedenen Kanaltypen basieren auf Eigenschaften, die wir zuvor diskutiert haben:

— Selektivität für bestimmte Ionen,
— Einzelkanalleitfähigkeit,
— *gating*-Mechanismen.

Es sollen nun die Grundlagen der Ionenselektivität beschrieben werden und wie der Transport durch einen Kanal erfolgt. Dabei wird die Notwendigkeit der Beschreibung durch diskrete Ionenbewegung erarbeitet und an verschiedenen Beispielen illustriert.

5.1 Allgemeine Eigenschaften von Ionenkanälen

In diesem Abschnitt werden wir auf eine Reihe von Eigenschaften näher eingehen, die die Ionenkanäle charakterisieren.

5.1.1 Selektivität von Ionenkanälen

Wir wollen zunächst die Frage beantworten, worauf es beruht, dass ein Ionenkanal für eine Ionensorte permeabel ist, für eine andere aber nicht.

Als wir die GHK-Gleichung für das Membranpotenzial diskutiert haben (s. ▶ Abschn. 2.4), haben wir gesehen, dass Veränderungen im Membranpotenzial auf Änderungen in spezifischen Ionenpermeabilitäten beruhen können. Beim Ruhepotenzial ist P_K hoch, während eines Aktionspotenzials wächst P_{Na} vorübergehend und übersteigt letztlich P_K um ein Vielfaches. Dass diese Permeabilitätsänderungen in Potenzialänderungen resultieren, ist auf die Existenz von Aktivitätsgradienten für die jeweiligen Ionensorten zurückzuführen.

Mit dieser Kenntnis haben wir ein Werkzeug an der Hand, um Permeabilitätsverhältnisse bestimmen zu können. Wir können z. B. Ionenkonzentrationen im extrazellulären Medium variieren und die zugehörigen Membranpotenziale messen. Dafür wäre es hilfreich, die intrazellulären Ionenkonzentrationen oder -aktivitäten zu kennen, was z. B. mithilfe von ionenselektiven Mikroelektroden möglich ist (s. ▶ Abschn. 3.4.3). Wir haben aber auch Möglichkeiten diskutiert, die intrazelluläre Ionenkomposition vorzugeben (perfundiertes Axon, Zellfaserabschnitte, zellfreie Membranareale). Unter solchen Bedingungen kann die Bestimmung von Permeabilitätsverhältnissen sehr einfach werden, wenn man bi-ionische Bedingungen verwendet (s. ▶ Abschn. 2.4); dann nimmt die GHK-Gleichung die folgende Form an:

$$E_{\text{rev}} = \frac{RT}{zF} \ln \left(\frac{P_A \, [A_o]}{P_B \, [B_i]} \right).$$

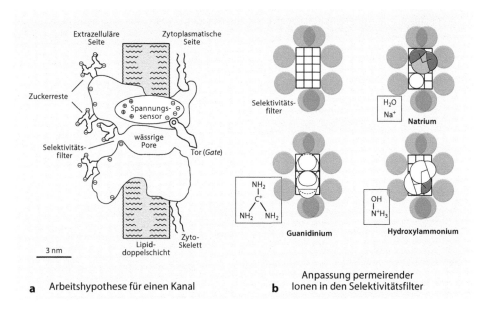

a Arbeitshypothese für einen Kanal

b Anpassung permeirender Ionen in den Selektivitätsfilter

◨ **Abb. 5.1** **a** Hille-Vorstellung eines Selektivitätsfilters für den Na^+-Kanal, **b** basierend auf den Permeabilitäten für unterschiedlich große Ionen wurde ein Selektivitätsfilter der Dimension $3 \cdot 5\,\text{Å}$ postuliert. (Basierend auf Hille 1992, 1971, Fig. 9, mit freundlicher Genehmigung von Oxford University Press, 1971,1992)

Für die Na^+- und K^+-selektiven Kanäle in erregbaren Membranen von Nerven erhält man die relativen Permeabilitätsverhältnisse (s. z. B. Hille 2001):

Na^+-Kanal: – **Na** (1) : **Li** (0,93) : **Guanidinium** (0,12) : **K** (0,09) : **TMA** ($< 0,005$),
K^+-Kanal: – **K** (1) : **Tl** (2,3) : **Rb** (0,91) : **Na** (0,01) : **TEA** ($= 0$).

Vergleichen wir Anfang und Ende der Selektivitätssequenzen, so stellen wir fest, dass die Kanäle gut permeabel für kleine Kationen sind, aber kaum für große. Das führte zu der Vorstellung, dass es eine Art von Siebfilter gibt, der Ionen ihrer Größe nach herausfiltert (◨ Abb. 5.1b). Die Abbildung illustriert auch die möglichen Dimensionen des Filters für den Na^+-Kanal. Diese Vorstellung basiert auf der Beobachtung, dass Ionen, die eine bestimmte Größe überschreiten, nicht permeieren können. Wie sieht es aber mit kleinen Kationen aus? Die Alkaliionen haben in Einheiten von 10^{-8} cm die Radien

$$\textbf{Li}(0,6) - \textbf{Na}(0,95) - \textbf{K}(1,33) - \textbf{Rb}(1,48) - \textbf{Cs}(1,69).$$

Diese Sequenz spiegelt ganz grob die Selektivitätsreihe eines Na^+-Kanals wider. ◨ Tab. 5.1 zeigt weitere gemessene Selektivitätsverhältnisse für die Na^+- und K^+-Kanäle des Froschnerven, die aber erhebliche Abweichungen von der Radiensequenz verdeutlichen.

Ein Vergleich der Werte zeigt, dass nicht einmal für den Na^+-Kanal die Permeabilitätssequenz vollständig der Sequenz der Ionenradien folgt; für den K^+-Kanal ist die Sequenz sogar umgekehrt. Dabei sollte allerdings festgehalten werden, dass die Ionen in einer Lösung nicht isoliert wie in einem Kristall betrachtet werden dürfen, sondern in einer wässrigen Umgebung vorliegen, in der sie von einer Hydrathülle umschlossen sind. Je kleiner der Kristallradius ist, umso größer wird die Hydrathülle sein. Eine Abschätzung der Io-

▫ Tabelle 5.1 Relative Permeabilitäten für Na$^+$- und K$^+$-Kanäle. (Durch Messung des Umkehrpotenzials ermittelt, s. auch Hille 2001)

Na$^+$-Kanäle		K$^+$-Kanäle	
P_X/P_{Na}	Ion$_X$	P_X/P_K	Ion$_X$
1	Na	< 0,018	Li
0,94	Hydroxylammonium	0,01	Na
0,93	Li	1	K
0,59	Hydrazinium	2,3	Tl
0,16	NH$_4$	0,91	Rb
0,13	Guanidinium	0,13	NH$_4$
0,086	K	0,029	Hydrazinium
< 0,013	Cs	< 0,077	Cs
< 0,012	Rb	< 0,013	Guanidinium

nenradien mit Hydrathülle lässt sich aus den Diffusionskoeffizienten ermitteln, wenn man die Stokes-Einstein-Beziehung anwendet (wobei man sich aber wieder der Problematik bewusst sein sollte, die durch die Anwendung makroskopischer Gesetzmäßigkeiten auf mikroskopische Phänomene aufkommt):

$$D = \frac{kT}{6\pi\eta r}.$$

η repräsentiert die Viskosität und beträgt für Wasser 0,01 Poise. Diese Beziehung basiert auf dem 1. Fick'schen Gesetz:

$$\frac{dn}{dt} = DA\frac{dc}{dx}.$$

Für Na$^+$ erhält man – $r = 2,4 - 3,3 \cdot 10^{-8}$ cm
und für K$^+$ – $r = 1,6 - 2,2 \cdot 10^{-8}$ cm.

Das Verhältnis ist dem der Kristallradien genau entgegengesetzt. Das legt die Spekulation nahe, dass die Selektivität für Na$^+$-Kanäle durch die Kristallradien, für K$^+$-Kanäle hingegen durch die Radien der Ionen mit Hydrathülle bestimmt ist. Zur Erklärung hat Hille die Idee entwickelt (s. ▫ Abb. 5.1a), dass die Ionen einen Filter passieren, wo sie mit negativ geladenen Gruppen wechselwirken und dabei einen Teil ihrer Hydrathüllen abstreifen können. Die relativen Affinitäten einer Bindungsstelle für zwei verschiedene Ionen **a** und **b** sind durch die Differenzen ihrer freien Enthalpien bestimmt:

$$\Delta G = (\Delta G_{Ba} - \Delta G_{Bb}) - (\Delta G_{H2Oa} - \Delta G_{H2Ob})$$

mit

ΔG_B – Änderung der Gibbs'schen Energie bei Bindung,
ΔG_{H2O} – Änderung der Hydratationsenergie.

Wenn $\Delta G > 0$ ist, ergäbe sich für die entsprechenden Ionenpermeabilitäten

$$P_a > P_b$$

und umgekehrt. Bei rein Coulomb'scher Wechselwirkung zwischen Ion und Bindungsstelle gilt für die Bindungsenergie

$$U_B = \frac{z_B z_i e^2}{4\pi\varepsilon\varepsilon_0(r_B + r_i)},$$

wobei r_B und r_i die effektiven Radien der Bindungsstelle bzw. des Ions repräsentieren. Wir wollen zwei Extremfälle betrachten:

1. r_B ist klein (Bindungsstelle hoher elektrischer Feldstärke), so gilt $\Delta G_B \gg \Delta G_{H2O}$. Damit ist die Selektivität durch $\Delta G_{Ba} - \Delta G_{Bb}$ bestimmt, und die Sequenz Li > Na > K > Rb > Cs folgt den Kristallradien.
2. r_B ist groß (Bindungsstelle niedriger elektrischer Feldstärke), so gilt $\Delta G_B \ll \Delta G_{H2O}$. Damit ist die Selektivität durch $\Delta G_{H2Oa} - \Delta G_{H2Ob}$ bestimmt, und die Sequenz Li < Na < K < Rb < Cs folgt den Radien der Ionen mit ihrer Hydrathülle.

Für mittlere Feldstärken sind die verschiedensten Kombinationen möglich. Eisenman (1962) hat bei seinen Untersuchungen über ionenselektive Gläser gefunden, dass von den 120 möglichen Kombinationen für fünf Alkalimetallionen nur elf realistisch sind (s. ◻ Tab. 5.2). Entsprechend seiner Nomenklatur gehört der Na^+-Kanal zur Eisenman-Sequenzgruppe **X** und hat eine Bindungsstelle mit hoher elektrischer Feldstärke, der K^+-Kanal zur Eisenman-Sequenzgruppe **V** mit einem Selektivitätsfilter mittlerer elektrischer Feldstärke.

5.1.2 Diskrete Bewegung von Ionen durch Poren

Bei der früheren Beschreibung von Ionenbewegungen über die Zellmembran haben wir die Prinzipien der freien Diffusion zugrunde gelegt. In dem Abschnitt über die Selektivität haben wir gelernt, dass eine spezifische Wechselwirkung des selektiv permeablen Ions mit einer Bindungsstelle berücksichtigt werden muss. Weitere Wechselwirkungen bei der Passage eines Ions durch eine Pore müssen eingeführt werden, um Abweichungen von der Unabhängigkeit und von der GHK-Gleichung erklären zu können (Hodgkin und Keynes 1955). Beispiele für solche Abweichungen vom Unabhängigkeitsprinzip (Hille und Schwarz 1978) sind das Ussing-Flussverhältnis (s. ▶ Abschn. 2.4), Abhängigkeiten der Kanalleitfähigkeit von der Ionenkonzentration oder anomales Molenbruchverhalten (▶ Abschn. 5.2.2, ▶ Abschn. 5.2.3, ▶ Abschn. 5.2.4, s. auch Hille (2001).

Eine diskrete Ionenbewegung, bei der die Ionen mit einer Folge von Bindungsstellen wechselwirken, lässt sich als Passage über ein Energieprofil beschreiben. Die Ratenkoeffizienten k für die Sprünge über die Barrieren (◻ Abb. 5.2a) werden nach der Eyring'schen Ratentheorie (Glasstone et al. 1941) beschrieben durch

$$k = q\frac{RT}{h}e^{-\frac{\Delta G}{RT}}, \quad \text{mit} \quad \Delta G = \Delta G_B + zEF$$

◨ **Tabelle 5.2**　Eisenman-Sequenzen der Ionenselektivitäten. (S. Eisenman 1962)

Gruppe	Bindungsstelle niedriger Feldstärke								
I	Cs^+	>	Rb^+	>	K^+	>	Na^+	>	Li^+
II	Rb^+	>	Cs^+	>	K^+	>	Na^+	>	Li^+
III	Rb^+	>	K^+	>	Cs^+	>	Na^+	>	Li^+
IV	K^+	>	Rb^+	>	Cs^+	>	Na^+	>	Li^+
V	$\mathbf{\mathit{K^+}}$	>	$\mathbf{\mathit{Rb^+}}$	>	$\mathbf{\mathit{Na^+}}$	>	$\mathbf{\mathit{Cs^+}}$	>	$\mathbf{\mathit{Li^+}}$
VI	K^+	>	Na^+	>	Rb^+	>	Cs^+	>	Li^+
VII	Na^+	>	K^+	>	Rb^+	>	Cs^+	>	Li^+
VIII	Na^+	>	K^+	>	Rb^+	>	Li^+	>	Cs^+
IX	Na^+	>	K^+	>	Li^+	>	Rb^+	>	Cs^+
X	$\mathbf{\mathit{Na^+}}$	>	$\mathbf{\mathit{Li^+}}$	>	$\mathbf{\mathit{K^+}}$	>	$\mathbf{\mathit{Rb^+}}$	>	$\mathbf{\mathit{Cs^+}}$
XI	Li^+	>	Na^+	>	K^+	>	Rb^+	>	Cs^+

Bindungsstelle hoher Feldstärke

und dem Frequenzfaktor

$$q\,\frac{RT}{h}\,,$$

wobei der Transmissionskoeffizient q üblicherweise als 1 angenommen wird und h die Planck'sche Konstante ist. ΔG repräsentiert die Barrierenhöhe, E eine überlagerte elektrische Potenzialdifferenz und z wieder die effektive Valenz des hüpfenden Ions. Im einfachsten Fall hält sich höchstens ein Ion zu einem beliebigen Zeitpunkt in der Pore auf (◨ Abb. 5.2b), aber auch mehrfache Besetzung ist möglich, wie es beispielhaft in ◨ Abb. 5.2c für zwei Ionen illustriert ist.

Um den Transport mit hüpfenden Ionen durch eine enge Pore beschreiben zu können, kann man ein mathematisches Werkzeug verwenden, das bereits vor sehr langer Zeit zur Beschreibung elektrischer Netzwerke von Kirchhoff für die nach ihm benannten Gesetze

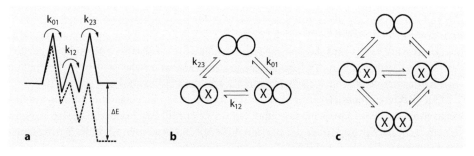

◨ **Abb. 5.2**　Energieprofil für **a** eine Zwei-Bindungsstellen-Pore und Übergangsdiagramme für die Zustände bei **b** einer Ein-Ionen- und **c** einer Zwei-Ionen-Besetzung. Die X stehen für besetzte Bindungsstellen

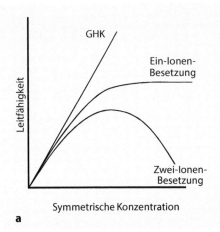 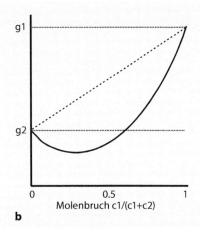

◨ **Abb. 5.3** **a** Abhängigkeit der Leitfähigkeit von der Konzentration und **b** anomales Molenbruchverhalten (simuliert auf Grundlage einer Zwei-Bindungsstellen-Pore (s. ◨ Abb. 5.2c))

entwickelt wurde (Kirchhoff 1847). Unabhängig davon wurde dieses Verfahren ein Jahrhundert später von King und Altman zur Beschreibung von enzymatischen Reaktionen entwickelt (King und Altman 1956). Eine sehr einfache Darstellung dieser sogenannten Graphentheorie finden Sie im Anhang (▶ Abschn. 9.1).

Verschiedene Vorhersagen, die man bei Annahme unabhängiger Ionenbewegung oder bei einer Ein-Ionen- oder Zwei-Ionen-Pore für die Konzentrationsabhängigkeit der Leitfähigkeit erhalten würde, sind in ◨ Abb. 5.3a illustriert. Während die GHK-Gleichung eine lineare Zunahme der Leitfähigkeit mit steigender Konzentration vorgibt (s. ▶ Abschn. 2.4), sättigt die Leitfähigkeit für eine Ein-Ionen-Pore, da bei hohen Konzentrationen die Aussprungsrate geschwindigkeitsbestimmend wird. Die Bewegung durch eine Mehr-Ionen-Pore erfolgt für die Ionen wie im Gänsemarsch und wird auch als *single-file*-Bewegung bezeichnet.

Bei einer Zwei-Ionen-Pore kann ein Maximum erreicht werden, da bei hohen Konzentrationen eine Doppelbesetzung der Pore möglich wird (s. ◨ Abb. 5.5), aber andererseits leere Plätze notwendig sind, damit ein Ion in der Pore fortschreiten kann.

Insbesondere um Abweichungen vom Ussing-Flussverhältnis erklären zu können, wurde Bewegung in einer engen Pore mit Mehrfachbesetzung eingeführt (Hodgkin und Keynes 1955). Mit einer solchen Beschreibung ergibt sich eine modifizierte Gleichung für das Flussverhältnis:

$$\left| \frac{I_{\text{eff}}}{I_{\text{in}}} \right| = \left(\frac{c_i}{c_o} e^{zEF/RT} \right)^n$$

mit $n > 1$. In Abhängigkeit von der Anzahl der Bindungsstellen m in der Pore und dem Besetzungsgrad kann n Werte annehmen von $1 \leq n \leq m$.

Eine andere Eigenschaft vieler Kanäle, die nicht mit unabhängiger Ionenbewegung erklärt werden kann, ist die spannungsabhängige Blockierung durch ein nicht-permeierendes Ion, da zur Beschreibung der Blockierung dem blockierenden Ion eine effektive Ladung zugeordnet werden muss, die größer als seine tatsächliche ist (s. ◨ Abb. 5.6). Das Phänomen lässt sich darauf zurückführen, dass weitere Ionen in die Pore eintreten können und somit die Blockierung unterstützen.

Auch das anomale Molenbruchverhalten (s. ◘ Abb. 5.3b) widerspricht dem Unabhängigkeitsprinzip; dieses Verhalten zeichnet sich dadurch aus, dass die Leitfähigkeit bei einem schrittweisen Ersetzen einer Ionensorte c2 durch eine Ionensorte c1 mit höherer Permeabilität zunächst vermindert wird (s. ◘ Abb. 5.7).

In ▶ Abschn. 5.2 sollen experimentelle Befunde die Abweichung von freier Diffusion illustrieren.

5.2 Spezielle Ionenkanäle

5.2.1 Na$^+$-Kanal (Ein-Ionen-Pore)

Um verschiedene Eigenschaften des Na$^+$-selektiven Kanals erregbarer Membranen zu simulieren, hat Hille (1975) ein Vier-Barrieren-Ein-Ionen-Porenmodell benutzt (s. ◘ Abb. 5.4).

Mit diesem Modell konnte die Konzentrationsabhängigkeit der Leitfähigkeit, die unabhängiger Ionenbewegung widerspricht, wie auch die Ionenselektivität durch Veränderung der Barriere C simuliert werden. Für die Selektivitätsverhältnisse für Li$^+$ und K$^+$ aus ◘ Tab. 5.1 ergeben sich die ΔG-Werte (in RT) zu

$$\Delta G_{Li} = \Delta G_{Na} + 0{,}1,$$
$$\Delta G_{K} = \Delta G_{Na} + 2{,}7,$$

was zeigt, dass bereits kleine Änderungen in der Barrierenhöhe zu erheblichen Änderungen in der Selektivität führen können (Hille 1992). Die Bindungsstelle B repräsentiert eine Stelle hoher Feldstärke (möglicherweise eine $-COO^-$-Gruppe), an der ein Teil der Hydrathülle abgestreift werden kann, sodass das Na$^+$ mit nur 3 H$_2$O-Molekülen passieren kann.

◘ Abb. 5.4 a Drei-Bindungsstellen-Energieprofil (mit ΔG-Werten) für den Na$^+$-Kanal und **b** Strom-Spannungsabhängigkeiten bei verschiedenen Na$^+$-Konzentrationen. (Basierend auf Hille (1992, 1975 (Fig. 1, 9 und 10)), mit freundlicher Genehmigung von Journal of General Physiology, 1975, 1992)

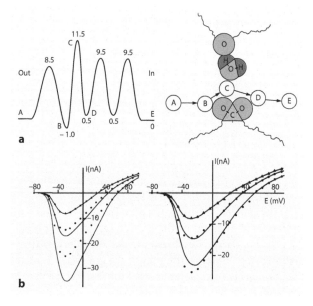

Das Modell veranschaulicht auch, dass die selektierende Passage des Ions über eine Strecke von nur wenigen Å erfolgt.

Ein interessantes Phänomen beim Na^+-Kanal ist das sogenannte Permeabilitätsparadoxon für H^+ im Vergleich zu Na^+ (Hille 2001). Durch die Bestimmung von Umkehrpotenzialen und die Anwendung der GHK-Gleichung erhält man für das Permeabilitätsverhältnis

$$P_H / P_{Na} = 250.$$

Bei Beschreibung durch die Energiebarriere $C(P \propto \exp(-C/RT))$ würde man daher erwarten:

$$C_H / C_{Na} = \ln(250),$$

und eine Erhöhung von H_o^+ sollte damit eine Erhöhung des Einwärtsstroms zur Folge haben. Das wird aber nicht beobachtet, vielmehr führt eine Reduktion des extrazellulären pH-Werts sogar zu einer Inhibition des Stroms mit einem pK_a-Wert von 5,4 ($K_H = 4\,\mu M$), und in Abwesenheit von Na^+ lässt sich nur ein winziger Strom detektieren. Für die Na^+-Abhängigkeit des Stroms erhält man einen K_m-Wert von 400 mM. Nimmt man an, dass H^+ ebenso wie Na^+ vorübergehend an B bindet, dann sollte B_H tiefer sein als B_{Na}:

$$B_H / B_{Na} = \ln(10^5/1).$$

Die Differenz in der Barrierenhöhe ist dann

$$\Delta G = RT(\ln 10^5 - \ln 250) = RT \ln 400 \quad \text{und} \quad I_H / I_{Na} = 1/400.$$

In anderen Worten, das Paradoxon lässt sich mit der Annahme erklären, dass die Bindung eines Protons die Passage des Na^+ blockiert, indem das Proton die Bindungsstelle 400-mal langsamer verlässt als das Na^+.

5.2.2 K^+-Kanal (Multi-Ionen-Pore)

Der K^+-selektive Kanal zeigt eine Reihe von Eigenschaften, die auf eine lange Multi-Ionen-Pore hindeuten (Hille und Schwarz 1978).

1. Es wurden Exponenten für das Ussing-Flussverhältnis mit Werten im Bereich von $n = 2$–2,5 bestimmt. Das bedeutet, dass der K^+-Kanal über mindestens drei Bindungsstellen verfügt (s. ▶ Abschn. 5.1.2).
2. Im Prinzip könnte man Maxima in der Konzentrationsabhängigkeit der Leitfähigkeit erwarten (für eine Zwei-Bindungsstellen-Pore s. ◌ Abb. 5.5). Der experimentell zugängliche Konzentrationsbereich scheint aber nicht groß genug zu sein, lediglich eine Sättigung konnte bisher beobachtet werden.
3. Der Grad eines spannungsabhängigen Blocks B durch ein blockierendes Ion wird häufig beschrieben durch

$$1 - B = \frac{1}{1 + e^{zF(E-E_b)/RT}}.$$

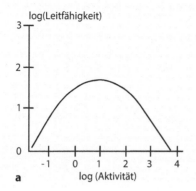
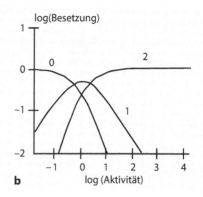

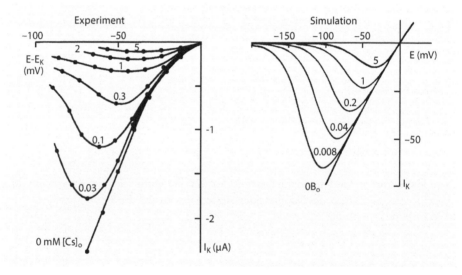

◘ Abb. 5.5 Abhängigkeit der Leitfähigkeit von der Konzentration für eine Zwei-Bindungsstellen-Pore (**a**) und Grad der Besetzung mit 0, 1 oder 2 Ionen (**b**). (Basierend auf Hille und Schwarz 1978, Fig. 3, mit freundlicher Genehmigung von Journal of General Physiology, 1978)

◘ Abb. 5.6 Inhibition des einwärts gerichteten K^+-Stroms durch externes Cs^+. (Basierend auf Hille und Schwarz 1978, Fig. 10 und Hagiwara et al. 1976, Fig. 8, mit freundlicher Genehmigung von Journal of General Physiology, 1976)

Wie oben bereits diskutiert wurde, sollte die effektive Valenz z eigentlich nicht größer sein als die tatsächliche Valenz des blockierenden Ions. Man hat aber z. B. für die Inhibition des K^+-Stroms in Seeigeleiern durch Cs^+ (s. ◘ Abb. 5.6) eine effektive Valenz von 1,8 gefunden. Für eine Multi-Ionen-Pore mit m Bindungsstellen sind für ein einwertiges Ion Werte von $z \leq m$ möglich, wenn nach dem blockierenden Ion noch weitere Ionen in die Pore eintreten können.

4. K^+-Kanäle zeigen anomales Molenbruchverhalten für Tl^+ im Vergleich zu K^+ (s. ◘ Abb. 5.3b und ◘ Abb. 5.7a). Das lässt sich durch eine festere Bindung von K^+ als von Tl^+ erklären (◘ Abb. 5.7b) und durch ausgeprägte elektrostatische Abstoßung, wenn sich zwei Ionen gleichzeitig in der Pore aufhalten.

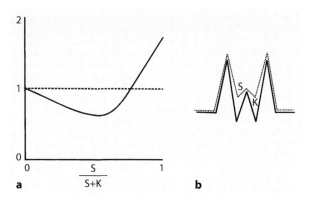

◨ Abb. 5.7 Anomales Molenbruchverhalten für die Ionenspezies K und S in einem K$^+$-Kanal (**a**) und seine Erklärung durch die Annahme von Abstoßung zwischen Ionen benachbarter Bindungsstellen (**b**). (Basierend auf Hille und Schwarz 1978, Fig. 12, mit freundlicher Genehmigung von Journal of General Physiology, 1978)

◨ Abb. 5.8 Überkreuzung der Kennlinien des Einwärtsgleichrichter-K$^+$-Kanals. *Gestrichelte Linie* bei normale externer K$^+$-Konzentration, *durchgezogene Linie* bei hoher externer K$^+$-Konzentration (K$_O^+$ = K$_I^+$) (simuliert auf Grundlage einer Drei-Bindungsstellen-Pore)

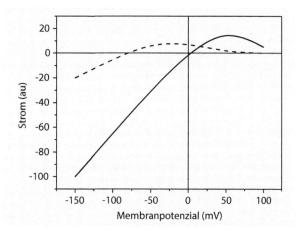

5. Ein typisches Phänomen für einwärts verstärkende K$^+$-Kanäle ist ein Überkreuzen der Stromspannungskurven *(crossing over)*, wenn die extrazelluläre K$^+$-Konzentration erhöht wird (◨ Abb. 5.8).

Die Einwärtsverstärkung kann durch ein intrazelluläres blockierendes Ion erklärt werden; theoretisch könnte dieses ein zytoplasmatisches Ion sein oder eine geladene, flexible zytoplasmatische Domäne des Kanalproteins. Eine Erhöhung der extrazellulären K$^+$-Konzentration könnte dem Eintritt des blockierenden Partikels entgegenwirken und somit die Leitfähigkeit begünstigen.

5.2.3 Ca^{2+}-Kanal (Multi-Ionen-Pore)

Auch die Ca^{2+}-selektiven Kanäle zeigen Multi-Ionen-Eigenschaften. Dazu gehören:

— das anomale Molenbruchverhalten zwischen Ca^{2+} und Ba^{2+}, wobei Ba^{2+} die höhere Permeabilität hat, wenn nur eine der Ionensorten vorliegt,

— die Beobachtung, dass der Kanal für Na$^+$ permeabel ist. Niedrige Konzentrationen von Ca^{2+} ($< 0,1$ mM und kein anderes zweiwertiges Ion) blockieren die Leitfähigkeit sogar (K$_I$ = $0,5\,\mu$M). Erst bei hohen Konzentrationen steigt die Leitfähigkeit

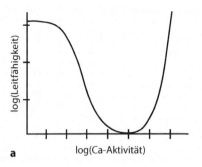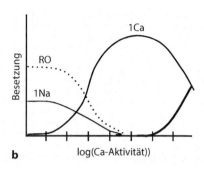

Abb. 5.9 Ca^{2+}-Kanal als Multi-Ionen-Pore. Abhängigkeit der Leitfähigkeit von der Ca^{2+}-Konzentration (**a**) und die Erklärung durch unterschiedliche Besetzungswahrscheinlichkeiten (**b**). (Basierend auf Almers und McCleskey 1984, Fig. 11, mit freundlicher Genehmigung von John Wiley und Sons, 1984)

und übertrifft dann die von Na^+ (**Abb. 5.9a**). Elektrostatische Abstoßung führt zu der hohen Ca^{2+}-Leitfähigkeit, wenn doppelte Besetzung der Pore möglich wird (**Abb. 5.9b**).

5.2.4 Anionenselektive Kanäle

Cl^--selektive Kanäle haben die Selektivitätssequenz

$$J^- \approx Br^- > Cl^- > F^-.$$

Entsprechend den Eisenman-Sequenzen könnte eine positiv geladene Bindungsstelle mit niedriger Feldstärke diese Sequenz erklären, sodass negative Ionen mit ihrer Hydrathülle passieren können.

Für den Cl^--Kanal wurde ebenfalls anomales Molenbruchverhalten für Cl^- im Vergleich zu SCN^- gefunden mit der höheren Leitfähigkeit für SCN^-.

Variation der KCl-Konzentration ergab, dass das Umkehrpotenzial E_{rev} nicht dem Nernst-Potenzial E_{Cl} für Cl^- folgt, woraus sich ein Permeabilitätsverhältnis von $P_K/P_{Cl} \approx 0{,}2$ abschätzen ließ. Andererseits konnte in Abwesenheit permeierender Anionen (Ersatz z. B. durch SO_4^{2-}) keine Kationenpermeabilität detektiert werden. Dieses wurde durch

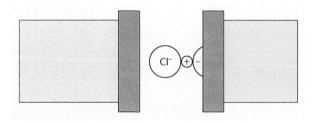

Abb. 5.10 Modell einer Dipol-Bindungsstelle in einem Cl^--permeablen Kanal. $+$ repräsentiert ein Kation mit geringer Durchgangswahrscheinlichkeit. (Basierend auf Franciolini und Nonner 1987, Fig. 11, mit freundlicher Genehmigung von Journal of General Physiology, 1987)

die Annahme erklärt, dass ein Kation an eine negativ geladene Stelle innerhalb der Pore bindet (◻ Abb. 5.10), was zu einem Dipol mit niedriger Feldstärke führt, sodass Cl^--Ionen leicht passieren können. Nur gelegentlich kann ein Kation zusammen mit einem Anion passieren.

5.3 Übungsaufgaben

1. Wie können wir uns die Selektivität von Ionenkanälen erklären?
2. Beschreiben Sie unterschiedliche Möglichkeiten der Ionenpermeation.
3. Fertigen Sie eine Liste von Eigenschaften an, die mit diskreter Ionenbewegung erklärt werden können, und erklären Sie diese.
4. Beschreiben und erklären Sie Charakteristika Na^+- selektiver Kanäle.
5. Beschreiben und erklären Sie Charakteristika K^+- selektiver Kanäle.
6. Beschreiben und erklären Sie Charakteristika Ca^{2+}- selektiver Kanäle.
7. Beschreiben und erklären Sie Charakteristika Cl^-- selektiver Kanäle.
8. Wie lässt sich die Selektivität von Ionenkanälen experimentell bestimmen?
9. Nennen Sie Beispiele für das Versagen der GHK-Annahmen, und geben Sie jeweils eine Erklärung an.

Literatur

Almers W, McCleskey EW (1984) Non-selective conductance in calcium channels of frog muscle: calcium selectivity in a single-file pore. J Physiol 353:585–608

Eisenman G (1962) Cation selective glass electrodes and their mode of operation. Biophys J 2:259–323

Franciolini F, Nonner W (1987) Anion and cation permeability of a chloride channel in rat hippocampal neurons. J Gen Physiol 90:453–478

Glasstone SK, Laidler J, Eyring H (1941) The theory of rate processes. McGraw-Hill, New York

Hagiwara S, Miyazaki S, Rosenthal NP (1976) Potassium current and the effect of cesium on this current during anomalous rectification of the egg cell membrane of a starfish. Gen Physiol 67:621–638

Hille B (1971) The permeability of the sodium channel to organic cations in myelinated nerve. J Gen Physiol 58:599–619

Hille B (1975) Ionic selectivity, saturation, and block in sodium channels. A four-barrier model. J Gen Physiol 66:535–560

Hille B (1992) Ionic channels of excitable membranes, 2. Aufl. Sinauer, Sunderland

Hille B (2001) Ionic channels of excitable membranes, 3. Aufl. Sinauer, Sunderland

Hille B, Schwarz W (1978) Potassium channels as multi-ion single-file pores. J Gen Physiol 72:409–442

Hodgkin AL, Keynes RD (1955) The potassium permeability of a giant nerve fibre. J Physiol 128:61–88

King EL, Altman C (1956) Schematic method of deriving the rate laws for enzyme-catalyzed reactions. J Phys Chem 60:1375–1378

Kirchhoff G (1847) Ueber die Auflösung der Gleichungen, auf welche man bei der Untersuchung der linearen Vertheilung galvanischer Ströme geführt wird. Poggendorfs Ann Phys Chem 72:497–508

Theorie der Erregbarkeit

© Springer-Verlag GmbH Deutschland, ein Teil von Springer Nature 2018
J. Rettinger, S. Schwarz, W. Schwarz, *Elektrophysiologie*, https://doi.org/10.1007/978-3-662-56662-6_6

In ▶ Kap. 5 haben wir die Selektivität von Ionenkanälen und den Ionenpermeationsprozess im Detail diskutiert. Eine weitere wichtige Eigenschaft von Poren ist die Kinetik ihres Öffnens und Schließens, ihr *gating*-Verhalten. Wir hatten diese Eigenschaft bereits angesprochen, als wir über die Charakterisierung von Einzelkanälen mithilfe der Patch-Clamp-Technik (▶ Abschn. 3.6.3) und über die Analyse von Stromfluktuationen (▶ Abschn. 3.5.2) und *gating*-Strömen (▶ Abschn. 3.5.3) diskutiert haben. Insbesondere die Patch-Clamp-Technik hat das Verständnis elektrophysiologischer Phänomene um eine neue „mikroskopische" Dimension erweitert. Im Folgenden wollen wir mit der Erregbarkeit ein Phänomen betrachten, dessen Aufklärung, obgleich auf makroskopischer Ebene, einen Meilenstein in der Elektrophysiologie darstellte. Makroskopisch bedeutet in diesem Zusammenhang, dass eine große Zahl von simultan ablaufenden Einzelkanalereignissen zum gemessenen Signal beiträgt.

6.1 Hodgkin-Huxley Beschreibung der Erregbarkeit

6.1.1 Experimentelle Grundlagen

Nach der Entdeckung, dass die Erregbarkeit von Nerven- und Muskelzellen (Nerv-Muskel-Präparate) auf der Ausbreitung von Aktionspotenzialen entlang der Zellfaser beruht, hatte Bernstein (1902, 1912) die Hypothese aufgestellt (▶ Abschn. 1.2, ⬛ Tab. 1.2), dass das Ruhepotenzial auf der für K^+-Ionen selektiv permeablen Zellmembran beruht. Außerdem postulierte er, dass es während der Erregung zu einem reversiblen, kurzzeitigen Zusammenbruch der Selektivität kommt. Das sollte zu einer vorübergehenden Depolarisation des Membranpotenzials (Aktionspotenzial) auf ungefähr $-15\,mV$ (Donnan-Potenzial, ▶ Abschn. 2.3) führen.

Die ersten detaillierten Untersuchungen des Aktionspotenzials wurden von Hodgkin, Huxley und Katz am Riesenaxon des Tintenfisches (*Squid*-Axon) durchgeführt. Dabei ergab sich, dass die Membraninnenseite während eines Aktionspotenzials sogar positiv gegenüber der Außenseite wird. Sie stellten außerdem fest, dass eine Reduktion der extrazellulären Na^+-Konzentration zu einer Reduktion der Höhe des Aktionspotenzials führt (Hodgkin und Katz 1949, s. auch ⬛ Abb. 6.1). Bei einer Erniedrigung der extrazellulären Na^+-Konzentration auf die Hälfte der physiologischen verschob sich die Spitze des Aktionspotenzials um etwa 20 mV, was der Änderung des Nernst-Potenzials (ΔE_{Na}) ent-

⬛ **Abb. 6.1** Schematische Darstellung der Auswirkung einer Reduktion der extrazellulären Na^+-Konzentrationen um 50 % auf das Aktionspotenzial mit einer Änderung der Spitze des Aktionspotenzials um 21 mV

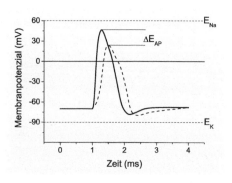

◼ Tabelle 6.1 Vergleich zwischen gemessenen und vorhergesagten Amplituden des Aktionspotenzials

	Gemessen	Von Bernstein vorhergesagt	Von Hodgkin, Huxley, Katz vorhergesagt
Aktionspotenzial	$+30$ bis $+50\,\mathrm{mV}$	$E_{AP} = 0\,\mathrm{mV}$	$E_{Na} = +53\,\mathrm{mV}$
$Na_o \to \frac{1}{2}\,Na_o$	$\Delta E_{AP} = 21\,\mathrm{mV}$	Unabhängig	$\Delta E_{AP} = \Delta E_{Na} = 17\,\mathrm{mV}$

spricht. Diese Beobachtungen widersprechen den Voraussagen der Bernstein'schen Vorstellung (s. ◼ Tab. 6.1) und führten zur Hypothese, dass die Na^+-Permeabilität während der Erregung ansteigt und wesentlich größer wird als die für K^+. Das war der Kenntnisstand im Jahr 1949.

Die Demonstration und die quantitative Beschreibung eines Aktionspotenzials durch ionenselektive Ströme gelang Hodgkin und Huxley in einer Serie von Arbeiten, die 1952 im *Journal of Physiology* publiziert wurden. Die Grundlage für ihre Arbeiten war die Voltage-Clamp-Technik und die Separation der verschiedenen Stromkomponenten.

◼ Abb. 6.2 illustriert die Stromsignale als Antwort auf einen hyperpolarisierenden und einen depolarisierenden Voltage-Clamp-Puls. Die Hyperpolarisation führt zu einem transienten, kapazitiven Strom und einem unspezifischen stationären Strom, den sogenannten Leckstrom mit ohmscher Charakteristik. Die Depolarisation führt ebenfalls zu einem transienten, kapazitiven Strom, gefolgt (im Millisekundenbereich) von einem transienten Einwärtsstrom, der letztlich in einen stationären Auswärtsstrom übergeht.

Ein wichtiger Schritt war die Separation dieses zeit- und potenzialabhängigen Stroms in zwei Komponenten, in einen durch Na^+-Ionen getragenen Einwärtsstrom und einen durch K^+-Ionen getragenen Auswärtsstrom. Wird das extrazelluläre Na^+ durch Cholin ersetzt, wird der Na^+-Einstrom unterdrückt (◼ Abb. 6.2b). Das Experiment von Hodgkin und Huxley, das die Stromseparation bestätigte, ist in ◼ Abb. 6.3 schematisch dargestellt.

Der frühe transiente Strom kehrt am Nernst-Potenzial für Na^+ seine Richtung um (◼ Abb. 6.3a,b). Diese Beobachtung beweist, dass der Strom durch Na^+-Ionen getragen

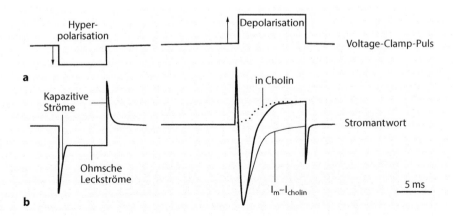

◼ Abb. 6.2 Schematische Darstellung von durch Spannungspulse (**a**) ausgelösten Stromsignalen (**b**)

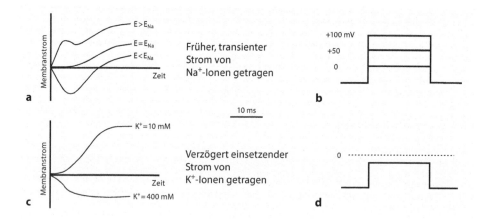

Abb. 6.3 Darstellung von schnell aktivierenden, langsam inaktivierenden Na$^+$-Strömen (**a**), ausgelöst durch verschieden depolarisierende Spannungspulse (**b**) und von langsam aktivierenden K$^+$-Strömen (**c**), ausgelöst durch einen depolarisierenden, aber noch negativen Spannungspuls (**d**)

wird. Dies konnte auch durch Experimente mit dem hoch spezifischen Inhibitor für Na$^+$-Kanäle Tetrodotoxin (TTX, s. ■ Abb. 6.4a) nachgewiesen werden.

Der verzögerte Auswärtsstrom kann leicht analysiert werden, wenn man Na$^+$ durch Cholin ersetzt. Subtrahiert man zusätzlich den ohmschen Leckstrom, so geht der Strom bei hohem externem K$^+$ in einen Einwärtsstrom über und das unabhängig vom externen Cl$^-$

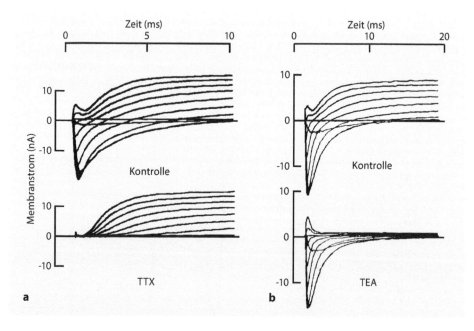

Abb. 6.4 Effekt von TTX (**a**) und TEA (**b**) auf Membranströme in Reaktion auf eine Serie depolarisierender Strompulse verschiedener Amplituden. (Basierend auf Hille 1992, 2001, mit freundlicher Genehmigung von Oxford University Press, USA, 1992)

(☐ Abb. 6.3c,d). Diese Stromkomponente kann durch den K^+-Kanalblocker Tetraethyl-ammonium (TEA) inhibiert werden (s. ☐ Abb. 6.4b).

Damit konnte nachgewiesen werden, dass der verzögerte Strom durch K^+- und nicht durch Cl^--Ionen getragen wird. Später konnte dies direkt durch einen Vergleich von radioaktiven Tracer-Flussmessungen mit Strommessungen bestätigt werden (Hodgkin und Keynes 1955). Nach Blockierung der Na^+- als auch der K^+-Leitfähigkeiten bleibt neben den kapazitiven Strömen nur die unspezifische, zeit- und spannungsunabhängige Leitfähigkeitskomponente übrig.

Das entscheidende Ergebnis dieser Experimente besteht darin, dass der Gesamtmembranstrom als Summe mehrerer, voneinander unabhängiger Komponenten dargestellt werden kann:

$$I_m(t, E) = C \frac{dE}{dt} + I_{\text{Leak}}(E) + I_{\text{Na}}(t, E) + I_{\text{K}}(t, E).$$

Diese Gleichung bildete den Ausgangspunkt für die Hodgkin-Huxley-Beschreibung des Aktionspotentialpotenzials. Für die Entwicklung der Modellbeschreibung nach Hodgkin und Huxley waren zwei Dinge wesentlich:
1. die Anwendung der Voltage-Clamp-Technik auf das Tintenfischaxon und
2. die Separation der voneinander unabhängigen Ströme.

Dadurch wurde es möglich, eine detaillierte Analyse aller kinetischen Eigenschaften der ionenselektiven Leitfähigkeiten durchzuführen. Diese Informationen lieferten letztlich die Grundlage dafür, dass Hodgkin und Huxley den Zeitverlauf eines Aktionspotenzials beschreiben konnten.

6.1.2 Modellbeschreibung der Erregbarkeit nach Hodgkin-Huxley (HH)

Das Hodgkin-Huxley-Modell nimmt an, dass sich ein ionenselektiver Kanal entweder in einem geschlossenen oder in einem offenen Zustand befindet. Diese Annahme wurde auch später als Grundlage für die Analyse von Stromfluktuationen herangezogen, aber letztlich erst 30 Jahre später durch die Anwendung der Patch-Clamp-Technik durch Neher und Sakmann (Neher und Sakmann 1976) bewiesen.

Hypothetischer Kanal
Die Membranleitfähigkeit g, die von N Kanälen mit der Leitfähigkeit γ herrührt, ist gegeben durch

$$g = N\gamma p(t, E),$$

wobei $p(t, E)$ die zeit- und spannungsabhängige Wahrscheinlichkeit des Kanals ist, offen zu sein. Wenn man ein *gating*-Partikel annimmt, das seine Orientierung im elektrischen Feld in der Membran ändert und das eine Offen- und Geschlossenposition annehmen

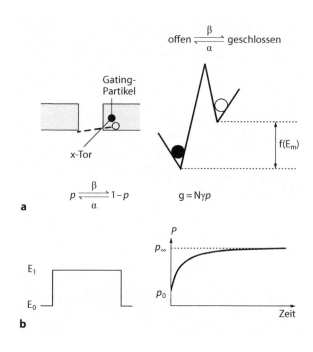

Abb. 6.5 Illustration eines hypothetischen Kanals mit der Offenwahrscheinlichkeit p. **a** Schematische Darstellung des Kanals und seines entsprechenden Energieprofils, **b** Zeitverlauf von p nach einer sprunghaften Spannungsänderung

kann (s. Abb. 6.5a), kann p beschrieben werden durch

$$\frac{dp}{dt} = \alpha(1 - p) - \beta p \quad \text{mit der Lösung} \quad p(t) = p_\infty - (p_\infty - p_0)e^{-t/\tau}$$

wobei $p_\infty = \dfrac{\alpha}{\alpha + \beta} \qquad \tau = \dfrac{1}{\alpha + \beta}$

Die Übergangsraten α und β sind dabei durch das jeweilige Membranpotenzial bestimmt.

Abb. 6.5b veranschaulicht die zeitliche Änderung der Offenwahrscheinlichkeit nach einer plötzlichen Änderung des Membranpotenzials. Der Zeitverlauf wird durch eine e-Funktion beschrieben.

K$^+$-Kanal

Die Aktivierung des K$^+$-Kanals folgt keinem rein exponentiellen Zeitverlauf. Hodgkin und Huxley haben daher die Existenz mehrerer *gating*-Partikel angenommen, die sich unabhängig voneinander bewegen und sich gleichzeitig im offenen Zustand befinden müssen, um den Kanal leitend zu machen (s. Abb. 6.6). Ist die Wahrscheinlichkeit eines einzelnen Partikels im offenen Zustand n, so wird die Wahrscheinlichkeit eines K$^+$-Kanals offen zu sein n^4 und

$$g_K = N\gamma_K n^4 = g *_K n^4.$$

Dabei ist g_K^* die maximale Leitfähigkeit, und n ist zeit- und spannungsabhängig (Abb. 6.7), ähnlich wie es oben für p beschrieben wurde. Am Ruhepotenzial sind die n-Tore vorwiegend geschlossen ($n \approx 0$). Als Antwort auf einen depolarisierenden Puls wächst n an, um einen neuen, potenzialabhängigen Gleichgewichtszustand n_∞ zu erreichen.

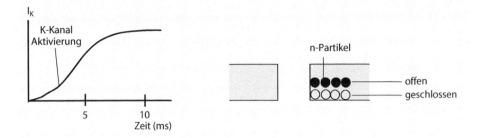

Abb. 6.6 Schematischer Zeitverlauf des K^+-Stroms I_K und Beschreibung durch HH-Modell für den K^+-Kanal mit vier *gating*-Partikeln n in offener bzw. geschlossener Position

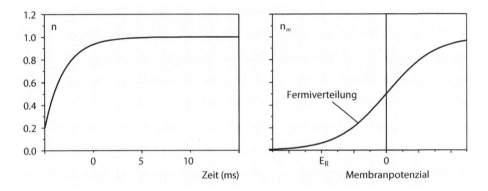

Abb. 6.7 Zeit- und Spannungsabhängigkeit von n. E_R weist auf das Ruhepotenzial hin

Die Wahrscheinlichkeitsverteilung für den offenen Zustand der n-Partikel gegenüber dem Membranpotenzial $n_\infty(E)$ kann durch eine Fermi-Verteilung beschrieben werden:

$$n_\infty = \frac{1}{1 + e^{-zF(E-E_{1/2})/RT}}$$

Die effektive Valenz z wurde zu ungefähr 4,5 bestimmt.

Kristallstrukturanalyse für den K^+-Kanal ergab, dass der spannungsabhängige K^+-Kanal durch ein Hometetramer gebildet wird (Cha et al. 1999), wobei jede Untereinheit aus sechs transmembranen Domänen (TMDs) besteht (■ Abb. 6.8). Positive geladene Aminosäurereste, insbesondere vier Arginine in den TMDs 4 dienen als *gating*-Ladungen. Die damit spannungsabhängigen Konformationsänderungen beinhalten Bewegungen der TMDs 6, die zu den Übergängen zwischen offenem und geschlossenem Zustand führen.

Na$^+$-Kanal

Die Kinetik des Öffnens und Schließens ist beim Na^+-Kanal mit seiner Aktivierung und Inaktivierung noch komplizierter als beim K^+-Kanal. Der Aktivierungsprozess zeigt qualitativ ähnlich wie der des K^+-Kanals ein sigmoidales Anwachsen mit der Zeit und kann mit der Annahme von drei unabhängigen Aktivierungspartikeln m beschrieben werden. Daneben gibt es den langsameren Inaktivierungsprozess, der einen einfachen exponentiellen Abfall mit der Zeit zeigt und somit durch ein einzelnes Inaktivierungspartikel h

◧ Abb. 6.8 Struktur eines K^+-Kanals aus vier Untereinheiten (zwei davon sind skizziert) mit jeweils sechs transmembranen Domänen. Die TMDs 4 mit einer Reihe von positiv geladenen Gruppen bilden den Spannungssensor, die Domäne 6 das Tor (*gate*). (Basierend auf Cha et al. 1999, Fig. 5, mit freundlicher Genehmigung von Nature Publishing Group)

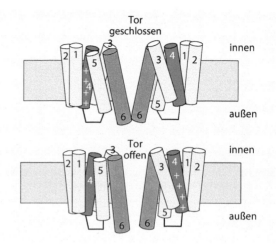

beschrieben werden kann. Nur wenn alle drei m-Partikel und das h-Partikel sich gleichzeitig in der Position für den offenen Zustand befinden, ist auch der Kanal geöffnet. Die Wahrscheinlichkeit offen zu sein, ist also $m^3 h$.

Die Leitfähigkeit kann daher beschrieben werden durch (s. ◧ Abb. 6.9)

$$g_{Na} = N \gamma_{Na} m^3 h = g_{Na}^* m^3 h$$

mit maximaler Leitfähigkeit g_{Na}^*; m und h haben Zeit- und Spannungsabhängigkeiten (◧ Abb. 6.10), die den zuvor besprochenen qualitativ entsprechen.

Beim Ruhepotenzial sind die m-Tore vorwiegend geschlossen ($m \approx 0$), und die h-Tore sind mit einer Wahrscheinlichkeit von ungefähr 70 % ($h \approx 0{,}7$) offen. Als Antwort auf einen depolarisierenden Puls steigt m sehr schnell auf ein neues, spannungsabhängiges Gleichgewicht m_∞ an, während h langsam auf ein neues, spannungsabhängiges Gleichgewicht h_∞ absinkt.

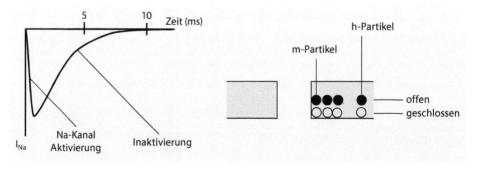

◧ Abb. 6.9 Schematischer Zeitverlauf des Na^+-Stroms I_{Na} und Beschreibung durch das HH-Modell für den Na^+-Kanal mit drei Aktivierungs-*gating*-Partikeln m und einem Inaktivierungs-*gating*-Partikel h in offener bzw. geschlossener Position

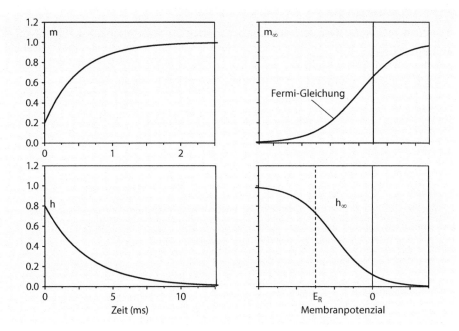

◘ Abb. 6.10 Zeit- und Spannungsabhängigkeit von *m* und *h*

Die Spannungsabhängigkeiten von m_∞ und h_∞ können wieder durch Fermi-Verteilungen beschrieben werden (◘ Abb. 6.10), wobei die effektive Valenz für die Aktivierung zu 6 und für die Inaktivierung zu 3,5 bestimmt wurde.

Die funktionelle Einheit des spannungsabhängigen Na^+-Kanals ist eine große α-Untereinheit mit vier Wiederholungen (*repeats*) (◘ Abb. 6.11, s. z. B. auch Yu und Catteral 2003). Jede dieser Wiederholungen besteht aus sechs TMDs. Weiteren Untereinheiten kommen regulatorische Funktionen zu. Wie beim spannungsabhängigen K^+-Kanal (◘ Abb. 6.8) dienen in den TMDs vier positiv geladene Gruppen als Spannungssensor. Das Inaktivierungstor wird durch eine intrazelluläre Verbindungsschleife zwischen den *repeats* III und IV gebildet.

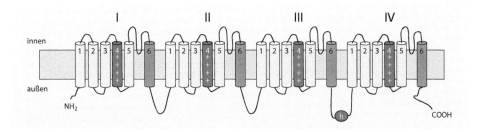

◘ Abb. 6.11 Struktur eines spannungsgesteuerten Na^+-Kanals bestehend aus einer α-Untereinheit mit vier *repeats*. Die TMSs 4 jedes einzelnen *repeat* besitzt eine Reihe von positiv geladenen Gruppen, die als Spannungssensor fungieren; die intrazelluläre Schleife *h* dient als Inaktivierungstor

HH-Beschreibung

Basierend auf der Analyse der sorgfältig separierten Stromkomponenten, die durch Na^+ und K^+ getragen sind, konnten Hodgkin und Huxley die Spannungs- und Zeitabhängigkeiten der Ströme mithilfe der m-, h- und n-Werte vollständig beschreiben, wobei die Werte Lösungen waren von (s. ▶ Abschn. 6.1.2 (Der hypothetische Kanal))

$$\frac{dm}{dt} = \alpha_m(1-m) - \beta_m m \quad \frac{dn}{dt} = \alpha_n(1-n) - \beta_n n$$

$$\frac{dh}{dt} = \alpha_h(1-h) - \beta_h h$$

Ein wichtiger Vorteil bei der Vorgehensweise bestand darin, dass rechteckförmige Spannungsschritte gewählt wurden, sodass die spannungsabhängigen αs und βs sich während des Pulses nicht mehr ändern. Dadurch war eine einfache Bestimmung der τ_x- und x_∞-Werte (x steht für m, h oder n) möglich, die gegeben sind durch

$$\tau_x = \frac{1}{\alpha_x + \beta_x} \quad x_\infty = \frac{\alpha_x}{\alpha_x + \beta_x}.$$

Ihre Spannungsabhängigkeiten sind in ◨ Abb. 6.12 dargestellt.

Obwohl die Daten aus vollkommen voneinander unabhängigen Strommessungen gewonnen wurden, gelang es Hodgkin und Huxley, den gesamten Membranstrom als Antwort auf einen Spannungspuls durch Summation der verschiedenen Komponenten darzustellen:

$$j = C_m \frac{dE}{dt} + g_{Na}^*(E - E_{Na})m^3 h + g_K^*(E - E_K)n^4 + g_L^*(E - E_L).$$

Dieses Ergebnis rechtfertigt noch einmal eindrucksvoll die Annahme von unabhängigen Ionenbewegungen durch die Na^+-, K^+- und Leckkanäle.

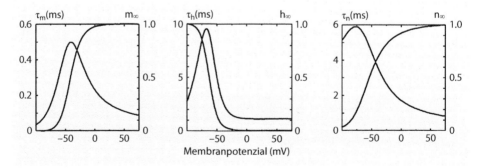

◨ **Abb. 6.12** Spannungsabhängigkeit der Werte für τ_x und x_∞ (x steht jeweils für m, h oder n. (Basierend auf Hille 1970, Fig. 2, mit freundlicher Genehmigung von Elsevier AG, 1970))

6.1.3 Aktionspotenzial

Phänomenologische Beschreibung

Der Zeitverlauf eines Aktionspotenzials kann in vier verschiedene Phasen eingeteilt werden (◻ Abb. 6.13a), die auf Grundlage der Hodgkin-Huxley-Beschreibung und der GHK-Gleichung für das Potenzial verstanden werden können.

1. Depolarisation vom Ruhepotenzial aus, das in der Nähe des Nernst-Potenzials für K^+ liegt. Wenn über das Schwellenpotenzial hinaus polarisiert wird, übersteigt der Na^+-Einstrom den K^+-Ausstrom und das Potenzial depolarisiert autoregenerativ (Alles-oder-Nichts-Gesetz) mit einem Überschreiten der Nulllinie (*overshoot*), und es nähert sich aufgrund der durch die Depolarisation induzierten Na^+-Leitfähigkeit dem Nernst-Potenzial für Na^+ an,
2. Repolarisation aufgrund der spontanen Inaktivierung der Na^+-Leitfähigkeit,
3. beschleunigte Repolarisation durch verzögerte Aktivierung der K^+-Leitfähigkeit,
4. Nachhyperpolarisation, bei der sich das Potenzial noch mehr dem Nernst-Potenzial für K^+ annähert aufgrund der erhöhten K^+-Leitfähigkeit im Vergleich zum Ruhezustand, der dann aber allmählich erreicht wird.

Die während eines Aktionspotenzials sich ändernden Na^+- (g_{Na}) und K^+- (g_K) Leitfähigkeiten sind in ◻ Abb. 6.13b skizziert.

Berechnung des fortgeleiteten Aktionspotenzials

Um ein fortgeleitetes Aktionspotenzial zu beschreiben, haben Hodgkin und Huxley ihr Modell mit den unter Voltage-Clamp bestimmten Parametern auf die Ausbreitung einer ungedämpften Welle angewandt:

$$\frac{\partial^2 E}{\partial x^2} = \frac{1}{v^2}\frac{\partial^2 E}{\partial t^2}.$$

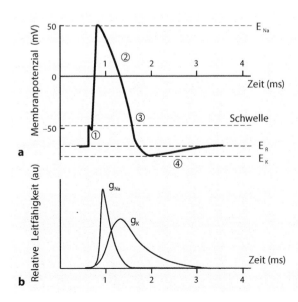

◻ **Abb. 6.13** Zeitverlauf eines Aktionspotenzials (**a**) mit Depolarisation zur Schwelle autoregenerativer Depolarisation zum E_{Na} (1), Repolarisation aufgrund spontaner Na-Inaktivierung (2), beschleunigte Repolarisation aufgrund von verzögerter K-Aktivierung (3) und daran gekoppelte Nachhyperpolarisation (4). Zeitverlauf der relativen Leitfähigkeit während des Aktionspotenzials (**b**)

Der Strom, der in einem Fasersegment der Länge Δx über die Membran fließt, ist gleich der Stromänderung innerhalb des Fasersegments:

$$I = \frac{\pi a^2}{\rho}\frac{\partial E}{\partial x} \qquad J = \frac{\delta I}{2\pi a\,\partial x} = \frac{a}{2\rho}\frac{\partial^2 E}{\partial x^2}$$

wobei I der Strom entlang der Faser, a der Faserdurchmesser und J die Stromdichte in dem Membranabschnitt ist. ρ wird in Ωcm angegeben. Kombiniert man die Wellengleichung mit der Hodgkin-Huxley-Gleichung für den Strom, so erhält man

$$J = C_m\frac{dE}{dt} + g_{Na}^*(E - E_{Na})m^3h + g_K^*(E - E_K)n^4 + g_L^*(E - E_L) =$$
$$= \frac{a}{2\rho}\frac{\partial^2 E}{\partial x^2} = \frac{a}{2\rho v^2}\frac{\partial^2 E}{\partial t^2}$$

Um diese Gleichung zu lösen, benutzten Hodgkin und Huxley einen einfachen Tischrechner und simulierten so iterativ ein Aktionspotenzial. Die Spannungs- und Zeitabhängigkeiten der Parameter übernahmen sie aus ihren Voltage-Clamp-Untersuchungen. Der einzige freie Parameter war die Ausbreitungsgeschwindigkeit v. Abschätzungen von v ergaben, dass

für $\quad v < v_{gemessen}: \quad E \to +\infty,$

für $\quad v > v_{gemessen}: \quad E \to -\infty,$

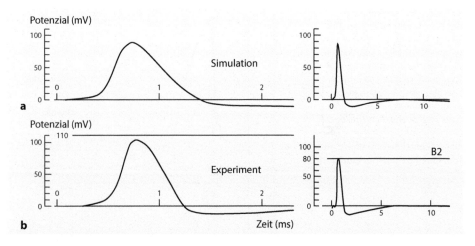

a

b

◻ Abb. 6.14 Berechnetes (**a**) und gemessenes (**b**) weitergeleitetes Aktionspotenzial, aufgetragen mit zwei verschiedenen Zeitskalen. (Basierend auf Hodgkin und Huxley 1952, Fig. 15, mit freundlicher Genehmigung von John Wiley and Sons, 1952)

und nur, wenn für v der tatsächlich gemessene Wert eingesetzt wurde, folgte E dem Zeitverlauf eines Aktionspotenzials. ◘ Abb. 6.14 zeigt das Resultat ihrer Simulation (◘ Abb. 6.14a) im Vergleich zum experimentellen Ergebnis (◘ Abb. 6.14b).

6.2 Kontinuierliche und saltatorische Erregungsausbreitung

6.2.1 Elektrotonisches Potenzial

Die Beschreibung der Erregungsausbreitung eines Aktionspotenzials mithilfe der Wellengleichung basiert auf der Alles-oder-Nichts-Antwort. Potenzialänderungen, bei denen es aber nicht zu Leitfähigkeitsänderungen kommt, breiten sich auch entlang einer Zellfaser aus. Um die Ausbreitung dieser sogenannten elektrotonischen Potenziale zu beschreiben, können wir die Nervenfaser wie ein Kabel behandeln (Taylor 1963), das, wie in ◘ Abb. 6.15 illustriert, durch eine unendliche Folge von Vierpolen beschrieben werden kann.

Der Abschnitt eines Axons (Δx) lässt sich elektrisch durch den Zytoplasmawiderstand $2R_{\mathrm{ax}}$, den Membranwiderstand R_{m} und die Membrankapazität C_{m} repräsentieren. Der Widerstand des externen Mediums ist klein im Vergleich zu R_{ax}, und R_{m} und kann daher vernachlässigt werden. Für den Grenzfall eines Gleichstroms, der entlang eines Axons fließt, spielen nur die ohmschen Widerstände eine Rolle. Da sich der Widerstand eines unendlichen Kabels nicht ändert, wenn ein weiterer Vierpol hinzugefügt wird, lässt sich der Widerstand R_0 des Kabels entsprechend ◘ Abb. 6.16 mit R_{m} parallel zu $R_{\mathrm{ax}} + R_0$ berechnen:

$$R_0 = R_{\mathrm{ax}} + R_{\mathrm{m}} \| (R_{\mathrm{ax}} + R_0) \qquad \| \text{ bedeutet parallele Widerstände} \tag{6.1}$$

oder

$$R_0 = R_{\mathrm{ax}} + \cfrac{1}{\frac{1}{R_{\mathrm{m}}} + \frac{1}{R_{\mathrm{ax}} + R_0}} \tag{6.2}$$

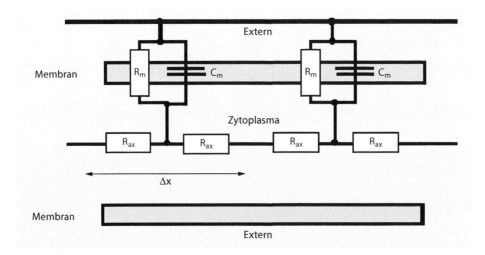

◘ **Abb. 6.15** Symbolisches elektrisches Diagramm für einen Abschnitt Δx eines Axons

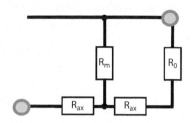

◼ **Abb. 6.16** Reduziertes elektrisches Diagramm eines Axons für den Gleichstromfall. R_0 repräsentiert den Wellenwiderstand eines unendlich langen Kabels

Das ergibt

$$R_0 = \sqrt{R_{ax}(R_{ax} + 2R_m)}. \tag{6.3}$$

Da R_m viel größer als R_{ax} ist, erhalten wir näherungsweise

$$R_0 = \sqrt{2R_{ax}R_m}. \tag{6.4}$$

Jetzt wollen wir die Änderung des Membranpotenzials entlang des Axons bestimmen. Dafür betrachten wir ein Kabelelement n, das dem Widerstand R_0 vorausgeht (◼ Abb. 6.17).

Für den Strom im Vierpol $n - 1$ haben wir

$$U_{n-1} = I_{n-1}R_0 \quad \text{und} \quad U_n = I_n R_0 \tag{6.5}$$

und für den Potenzialabfall U_{mn} über den Membranwiderstand R_m des n-ten Segments

$$U_{mn} = U_{n-1} - I_{n-1}R_{ax} = U_n + I_n R_{ax}. \tag{6.6}$$

Mit **(6.5)** und **(6.6)** erhalten wir:

$$U_{n-1} - U_{n-1}\frac{R_{ax}}{R_0} = U_n + U_n\frac{R_{ax}}{R_0}$$

$$U_n = U_{n-1}\left[\frac{1 - \frac{R_{ax}}{R_0}}{1 + \frac{R_{ax}}{R_0}}\right]. \tag{6.7}$$

Das Potenzial ändert sich von Vierpol zu Vierpol immer um den gleichen Faktor, der durch den Ausdruck in den [ ]-Klammern gegeben ist. Daher können wir das Potenzial am Vierpol n beschreiben durch

$$U_n = U_G\left[\frac{1 - \frac{R_{ax}}{R_0}}{1 + \frac{R_{ax}}{R_0}}\right]^n, \tag{6.8}$$

◼ **Abb. 6.17** Kabel-Repräsentation eines aus n Abschnitten zusammengesetzten Axons

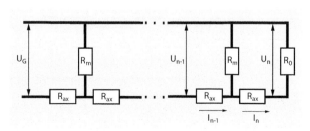

wobei U_G das Eingangssignal repräsentiert. Für den Fall einer Nerven- oder Muskelfaser ist der Wellenwiderstand R_0 groß im Vergleich zu R_{ax}, und wir können daher mit R_{ax}/R_0 ($\ll 1$) schreiben:

$$U_n \cong U_G \left[1 - 2\frac{R_{ax}}{R_0} \right]^n \cong U_G e^{-n\frac{2R_{ax}}{R_0}}. \tag{6.9}$$

Zusammen mit **(6.4)** nimmt das folgende Form an:

$$U_n \cong U_G e^{-\frac{n}{\sqrt{R_m/2R_{ax}}}} = U_G e^{-n/\lambda}. \tag{6.10}$$

Das ist die Lösung für die Gleichung eines linearen, unendlich langen Kabels (s. auch **(6.11)**):

$$\lambda^2 \frac{\partial^2 U}{\partial x^2} - U - \tau \frac{\partial U}{\partial t} = 0 \quad \text{mit} \quad \frac{\partial U}{\partial t} = 0,$$

wenn als Randbedingung am Beginn des Kabels $U(0) = U_G$ gewählt wird. λ wird Längenkonstante des Axons genannt und ist proportional zur Wurzel des Faserdurchmessers ($\lambda \sim \sqrt{r}$),

$$\lambda = \sqrt{\frac{R_m}{R_i}} = \sqrt{\frac{\Re}{2\pi r} \frac{\pi r^2}{\rho_i}} \propto \sqrt{r},$$

wobei der Membranwiderstand $R_m = \Re/2\pi r$ in Ω cm angegeben wird und der Zytoplasmawiderstand $R_i = 2R_{ax}$ in $\Omega/$cm. λ hat somit die Dimension einer Länge mit typischen Werten im Bereich von 1–5 mm. Zur Veranschaulichung zeigt ◻ Abb. 6.18 den Abfall des Potenzials entlang einer Nervenfaser, wenn das Eingangssignal die Größe eines Aktionspotenzials hat und man eine Längenkonstante von 1 mm annimmt.

Die Gleichungen **(6.4)** und **(6.10)** wurden für den Gleichstromfall abgeleitet. Jetzt wollen wir den Fall betrachten, dass eine Spannung U_G zum Zeitpunkt $t = 0$ von 0 auf U_o gesetzt

◻ **Abb. 6.18** Potenzialänderung entlang einer Nervenfaser gemäß der Gleichung $E = (50\,mV - E_{rest}) \cdot \exp(-x/1\,mm) + E_{rest}$

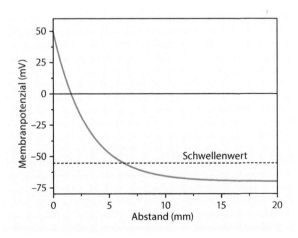

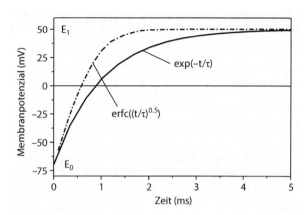

◘ Abb. 6.19 Zeitliche Potenzialänderung gemäß der Gleichung $\Delta E = E_1 + (E_0 - E_1)f(t/\tau)$ im Vergleich zu einer reinen e-Funktion

wird. Wegen der Kapazität wird der Endwert nicht sofort erreicht, sondern die Spannung wird sich diesem asymptotisch nähern. Um diesen Prozess zu beschreiben, muss die Differenzialgleichung für das lineare Kabel gelöst werden (Hodgkin und Rushton 1946; Taylor 1963):

$$\frac{1}{2R_{ax}} \frac{\partial^2 U}{\partial x^2} = C_m \frac{\partial V}{\partial t} + \frac{U}{R_m}. \tag{6.11}$$

Gibt man einen rechteckförmigen Spannungssprung vor, so ist die Lösung

$$U(t) = U_\infty \mathrm{erf} \sqrt{\frac{t}{\tau}}, \tag{6.12}$$

wobei $\tau = R_m C_m$ ist. Die Fehlerfunktion (*error function*) $\mathrm{erf}(x)$ ist definiert durch

$$\mathrm{erf}(x) = \frac{2}{\sqrt{\pi}} \int_0^x \exp(-y^2)dy = 1 - \mathrm{erf}\, c(x). \tag{6.13}$$

τ entspricht der Zeit, zu der U ungefähr 84 % seines Endwerts erreicht hat; in anderen Worten heißt das bei $\mathrm{erf}(1,0) \cong 0,84$.

Als Annäherung wird die Potenzialänderung häufig durch einen exponentiellen Zeitverlauf $\exp(t/\tau)$ beschrieben, wobei die Zeitkonstante τ im Bereich von 1 bis 5 ms liegt, in Abhängigkeit von Membranoberfläche und Membranleitfähigkeit. ◘ Abb. 6.19 veranschaulicht die Potenzialänderung zu einem neuen Gleichgewicht bei einer Zeitkonstanten von 1 ms für die Beschreibung durch eine Exponentialfunktion exp oder durch eine Fehlerfunktion erf.

6.2.2 Kontinuierliche Ausbreitung eines Aktionspotenzials

Die Erregungsausbreitung ist durch die Geschwindigkeit bestimmt, mit der benachbarte Membranareale über die Schwelle depolarisiert werden können; sie kann auf Grundlage lokaler Stromkreise, die die Nachbarareale depolarisieren, beschrieben werden

Abb. 6.20 Ausbreitung des Aktionspotenzials aufgrund lokaler Ströme

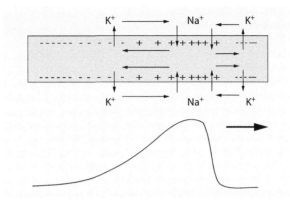

(s. Abb. 6.20). Die depolarisierende Front eines Aktionspotenzials beruht auf K^+-Auswärtsströmen und wirkt als Reiz zur Auslösung eines Aktionspotenzials.

Die Ausbreitungsgeschwindigkeit v eines Aktionspotenzials ist durch die Längen- und Zeitkonstante λ und τ bestimmt:

$$v = \lambda/\tau.$$

Mit ansonsten konstanten elektrischen Parametern ergibt sich die Abhängigkeit der Ausbreitungsgeschwindigkeit vom Faserradius zu

$$v \propto r^{0,5}.$$

Um eine möglichst hohe Geschwindigkeit zu erreichen, hat die Evolution die Riesennervenfasern mit einem Durchmesser von etwa 1 mm hervorgebracht, die Geschwindigkeiten von 10 m/s ermöglichen. Aber das scheint die obere Grenze zu sein. Bei Säugetieren hat die Evolution zu einer weiteren Variante von Nervenfasern geführt.

6.2.3 Saltatorische Ausbreitung eines Aktionspotenzials

Um trotz eines kleineren Durchmessers einer Nervenfaser höhere Geschwindigkeiten der Erregungsausbreitung zu erzielen, hat die Evolution mit den sogenannten markhaltigen (von einer Myelinscheide umgebenen) Nervenfasern eine Lösung gefunden (Abb. 6.21).

Das Axon ist über eine Länge von mehreren 100 µm von Membranschichten umwickelt, die aus einer Schwann'schen Zelle gebildet werden. Nur an den kleinen Bereichen zwischen den Schwann'schen Zellen, den Ranvier'schen Schnürringen, tritt die Axonmembran mit dem extrazellulären Medium in Kontakt. Bei diesen Fasern muss die Membran nur an den Schnürringen über die Schwelle depolarisiert werden, um ein Aktionspotenzial auszulösen. Die Erregungsausbreitung ist nicht kontinuierlich, sondern das Aktionspotenzial springt von Schnürring zu Schnürring (saltatorische Ausbreitung). Dies hat verschiedene Vorteile zur Folge:

- Die Ausbreitungsgeschwindigkeit eines Aktionspotenzials ist bei gleichem Faserdurchmesser etwa 20-mal schneller als bei marklosen Nervenfasern.
- Dadurch werden dünnere Nervenfasern möglich.

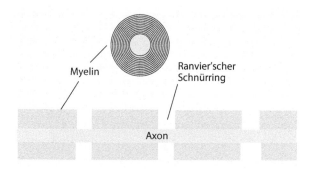

Abb. 6.21 Schematische Darstellung einer myelinierten Nervenfaser

Da die Entstehung eines Aktionspotenzials mit der Bewegung von Na^+- und K^+-Ionen entlang ihrer elektrochemischen Gradienten erfolgt, müssen die Ionen kontinuierlich mithilfe der Na^+, K^+-Pumpe wieder zurücktransportiert werden, wofür metabolische Energie in Form der ATP-Hydrolyse verbraucht wird. Markhaltige Nervenfasern haben daher einen geringeren metabolischen Energieverbrauch.

6.3 Entstehung und Übertragung von Aktionspotenzialen

6.3.1 Entstehung

Je nach Typ der erregbaren Zelle unterscheidet sich der Mechanismus zur Entstehung eines Aktionspotenzials. Eine Gruppe bilden die Sinnes- oder Rezeptorzellen, die ein externes Eingangssignal erhalten, das sie in eine Änderung des Membranpotenzials, das Rezeptorpotenzial, überführen. In einer primären Rezeptorzelle kann durch einen Reiz an dem von ihr ausgehenden Axon das Schwellenpotenzial überschritten werden, sodass ein Aktionspotenzial entsteht, welches sich entlang des Axons ausbreitet, und schließlich am Axonende ein elektrisches Signal auf eine andere Nervenzelle übertragen werden kann (s. ▶ Abschn. 6.3.2). Sekundäre Rezeptorzellen sind keine Nervenzellen, können aber eine reizinduzierte Polarisation auf andere Nervenzellen übertragen, die sie mit ihren Dendriten umgeben.

Zu einer weiteren Gruppe gehören z. B. die spontan aktiven Herzmuskelzellen, die wir in diesem Zusammenhang bereits diskutiert haben (▶ Abschn. 3.1). ▢ Abb. 6.22 veranschaulicht einen möglichen Mechanismus für Spontanaktivität, für den eine spannungsabhängige Ca^{2+}-Leitfähigkeit (g_{Ca}) und eine Ca^{2+}-aktivierte K^+-Leitfähigkeit (g_K) verantwortlich sind.

Wird bei einer Depolarisation das Schwellenpotenzial erreicht, entsteht ein Aktionspotenzial. Das gleichzeitige Öffnen der Ca^{2+}-selektiven Kanäle kann bei kleinen Zellen zu einem Anstieg der intrazellulären Ca^{2+}-Aktivität (Ca_i) in den mikromolaren Bereich führen, die dann die K^+-Leitfähigkeit aktiviert. Damit wird die Repolarisation begünstigt, die ihrerseits zum Schließen der Ca^{2+}-Kanäle führt. Ca_i^{2+}-regulierende Mechanismen stellen die submikromolare Aktivität wieder her, wodurch sich aber auch die K^+-Kanäle wieder schließen. Das Membranpotenzial beginnt erneut zu depolarisieren, und der Zyklus beginnt aufs Neue. Ein solcher Mechanismus wird für gewisse Neurone diskutiert. Der Mechanismus für die Spontanaktivität im Herzen ist zwar wesentlich komplexer, aber auch hier spielt die intrazelluläre Ca^{2+}-Aktivität eine zentrale Rolle.

Abb. 6.22 Beispiel für den Mechanismus spontaner elektrischer Aktivität

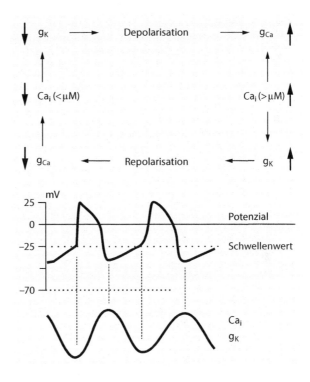

6.3.2 Übertragung

Der dominierende Mechanismus für die Übertragung elektrischer Signale von einer Zelle auf eine andere ist die synaptische Übertragung (■ Abb. 6.23). Die ionischen Grundlagen dieser Signalübertragung wurden erstmals von John C. Eccles (1963) aufgedeckt, wofür er 1963 zusammen mit Allan L. Hodgkin (1963) und Andrew F. Huxley (1963) mit dem Nobelpreis ausgezeichnet wurde. Die Übertragung zwischen Neuronen und peripheren

Abb. 6.23 Schematische Darstellung einer Synapse

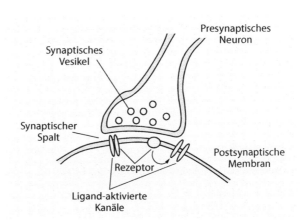

Zellen wie Muskelzellen wurde von Bernard Katz (1970), Ulf v. Euler (1970) und Julius Axelrod (1970) erarbeitet und 1970 ebenfalls mit dem Nobelpreis geehrt.

Bei Ankunft eines Aktionspotenzials an der Endigung einer präsynaptischen Nervenzelle löst der durch die Depolarisation induzierte Eintritt von Ca^{2+} in die Zelle die Freisetzung einer Transmittersubstanz aus synaptischen Vesikeln in den synaptischen Spalt aus (s. auch ◘ Abb. 7.12). Der Transmitter diffundiert zur gegenüberliegenden Membran der postsynaptischen Zelle und moduliert dort über transmitterspezifische Rezeptoren die Aktivität von ionenselektiven Kanälen. Die Rezeptorproteine können entweder selbst die Kanäle formen (ionotrope Rezeptoren), oder sie können gekoppelt über G-Proteine die Aktivität von Kanälen steuern (metabotrope Rezeptoren). Als Konsequenz ändert sich das Membranpotenzial. Je nach Typ der aktivierten Kanäle handelt es sich um eine exzitatorische Synapse mit einem depolarisierenden postsynaptischen Membranpotenzial oder um eine inhibitorische Synapse mit einem hyperpolarisierenden postsynaptischen Membranpotenzial.

6.4 Zusammenstellung der verschiedenen Potenzialtypen

In ◘ Tab. 6.2 sind die verschiedenen Formen von Membranpotenzialen zusammengestellt, die wir bisher angesprochen haben.

6.4.1 Oberflächenpotenzial

Zur Liste der Membranpotenziale sollte das Oberflächenpotenzial hinzugefügt werden, das an allen Zellmembranen auftritt und das wir im Folgenden kurz beschreiben wollen.

An der Oberfläche einer Zellmembran dominieren negative Ladungen. Das führt zur Ausbildung von Oberflächenpotenzialen, die das elektrische Feld in der Membran verändern (◘ Abb. 6.24, für Details s. McLaughlin 1989).

◘ **Tabelle 6.2** Verschiedene Formen von Membranpotenzialen. Die letzte Spalte gibt den Abschnitt an, in dem das entsprechende Potenzial beschrieben wird

Potenzial	Beschreibung	Abschnitt
Nernst-Potenzial	$E_{rev} = -\frac{RT}{F} \ln\left(\frac{[X]_i}{[X]_o}\right)$	▸ Abschn. 2.3
Donnan-Potenzial	$E_d = -(RT/F)\ln([K_I]/[K_O])$	▸ Abschn. 2.3
	$= -(RT/F)\ln\left[\frac{[A]}{2[K_o]} + \left(\left(\frac{[A]}{2[K_o]}\right)^2 + 1\right)^{1/2}\right]$	
Umkehrpotenzial	$E_{GHK} = E_{rev} = \frac{RT}{F}\ln\left(\frac{P_{Na}[Na]_o + P_K[K]_o + P_{Cl}[Cl]_i}{P_{Na}[Na]_i + P_K[K]_i + P_{Cl}[Cl]_o}\right)$	▸ Abschn. 2.4
Elektrotonisches Potenzial	$E(x) = E_0 e^{-x/\lambda}$ $E(t) = E_\infty + (E_\infty - E_0)\operatorname{erf}c(\sqrt{t/\tau})$	▸ Abschn. 6.2.1
Aktionspotenzial	$E(t)$ als Lösung von $J = \frac{a}{2\rho v^2}\frac{\partial^2 E}{\partial t^2}$	▸ Abschn. 6.1.3
Schwellenpotenzial	$E_S = E(I_{Na} = I_K)$	▸ Abschn. 6.1.3

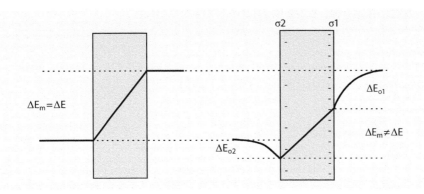

■ **Abb. 6.24** Effekt der Oberflächenladung auf das elektrische Feld innerhalb der Membran

Für eine gegebene Oberflächenladungsdichte σ hängt das Oberflächenpotenzial ΔE_o von der Elektrolytkonzentration c und der Ionenladung z ab und lässt sich durch die Graham-Gleichung beschreiben:

$$\sigma^2 = 2\varepsilon\varepsilon_0 RT \sum_k c_k \left(e^{-z_k F\Delta E_0/RT} - 1\right).$$

Sie geht aus der Gouy-Chapman-Theorie hervor, die eine planare Oberfläche mit einer kontinuierlichen Ladungsdichte annimmt. Die Oberflächenladungen werden durch die Ionen der Elektrolytlösung abgeschirmt, sodass sich eine elektrische Doppelschicht ausbildet. ΔE_o hat das gleiche Vorzeichen wie σ und nimmt mit zunehmender Ionenkonzentration ab.

Für kleine Oberflächenpotenziale ($\Delta E_o \ll RT/F$) erhalten wir

$$\Delta E_0 = \frac{\sigma r_D}{\varepsilon\varepsilon_0} \quad \text{mit der Debye-Länge} \quad r_D = \frac{1}{zF}\sqrt{\frac{\varepsilon\varepsilon_0 RT}{2c}}$$

$$\Delta E_0(x) = \Delta E_0 e^{\frac{-x}{r_D}}$$

Wenn mehrere Ionensorten zur Abschirmung beitragen, muss die Konzentration c durch die Ionenstärke I ersetzt werden:

$$I = \frac{1}{2}\sum_k z_k^2 c_k \quad \text{und somit gilt} \quad r_D = \frac{1}{F}\sqrt{\frac{\varepsilon\varepsilon_0 RT}{2I}},$$

wobei z_k die Wertigkeit des Ions c_k ist. Aufgrund des Oberflächenpotenzials unterscheidet sich die Konzentration einer Ionensorte an der Oberfläche c_{k0} von der in der Lösung c_k:

$$c_{k0} = c_k e^{\frac{-z_k \Delta E_0 F}{RT}}$$

Bei einem Oberflächenpotenzial von $-40\,\mathrm{mV}$ würde unter Annahme dieser Beziehung die Oberflächenkonzentration eines einwertigen Kations 4,5-mal höher sein als in der Lösung und für ein zweiwertiges Kation sogar 20-mal höher.

6.5　Aktionspotenziale in Nicht-Nervenzellen

Im Vorangegangenen haben wir uns bei der Besprechung des Aktionspotenzials auf das der Nervenzellen konzentriert. Im Folgenden wollen wir kurz eine Reihe weiterer Aktionspotenziale vorstellen, die man in verschiedenen Zelltypen detektieren kann.

6.5.1　Skelettmuskel

Das Aktionspotenzial, das man von Skelettmuskelfasern ableiten kann, setzt sich aus zwei Komponenten zusammen (s. ◻ Abb. 6.25). Diese haben ihren Ursprung zum einen im Aktionspotenzial, das entlang der Oberfläche der Muskelfaser wandert, und zum anderen im Aktionspotenzial, das sich ins tubuläre System ausbreitet. Über dieses System wird die intrazelluläre Ca^{2+}-Freisetzung aus dem sarkoplasmatischen Retikulum und damit die Muskelkontraktion gesteuert.

Genauso wie in Nervenzellen basiert das Aktionspotenzial in Skelettmuskelfasern auf der Aktivierung und Inaktivierung von Na^+-Kanälen sowie der Aktivierung von K^+-Kanälen. Der zeitlich verbreiterte Verlauf der tubulären Komponente beruht auf der riesigen Kapazität des tubulären Membransystems.

6.5.2　Glatter Muskel

In glatten Muskelzellen spielen Ca^{2+}-Kanäle mit schnellem *gating*-Mechanismus die gleiche Rolle wie Na^+-Kanäle in Nerven- und Skelettmuskelfasern (Tomita und Iino 1994). Zusätzlich formen Ca^{2+}- und Na^+-permeable Kanäle mit langsamerem *gating*-Mechanismus den Zeitverlauf des Aktionspotenzials (◻ Abb. 6.26).

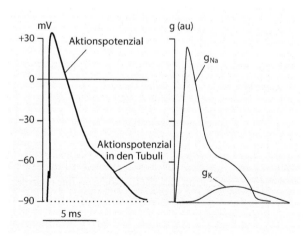

◻ **Abb. 6.25** Aktionspotenzial im Skelettmuskel und die damit einhergehenden Änderungen der Leitfähigkeit

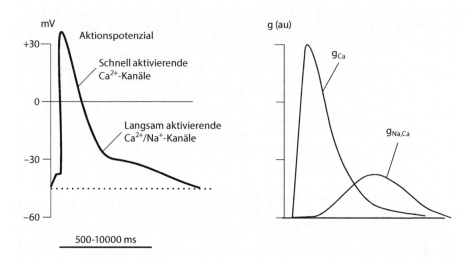

Abb. 6.26 Aktionspotenzial im glatten Muskel und die damit verbundenen Änderungen der Leitfähigkeit

6.5.3 Herzmuskel

Im Herzen befinden sich verschiedene Zelltypen. Im Arbeitsmyokard wird das Aktionspotenzial hauptsächlich durch Na^+- und Ca^{2+}-Kanäle bestimmt, die qualitativ ähnliche kinetische Eigenschaften mit Aktivierung und Inaktivierung haben; der *gating*-Mechanismus der Ca^{2+}-Kanäle ist allerdings wesentlich langsamer (◻ Abb. 6.27) und bestimmt die Plateauphase des Aktionspotenzials.

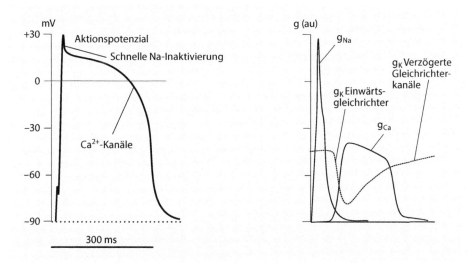

Abb. 6.27 Aktionspotenzial im Herzmuskel und die damit einhergehenden Änderungen der Leitfähigkeit

◩ Abb. 6.28 „Schrittmacher"-
Aktionspotenzial im Sinusknoten

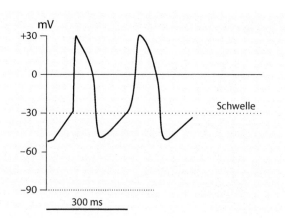

Eine entscheidende funktionelle Eigenschaft des Herzens ist seine autonome Spontanaktivität. Ein Beispiel für das Entstehen von Spontanaktivität in Neuronen hatten wir bereits in ▶ Abschn. 6.3.1 diskutiert. Im Herzen gibt es mehrere Zentren für Spontanaktivität. Das Zentrum mit der höchsten Frequenz ist der Sinusknoten (s. ◩ Abb. 3.2 und ◩ Abb. 6.28) als Schrittmacher für die Herzmuskelkontraktion.

6.5.4 Pflanzenzellen

Auch in einer Reihe von Pflanzenzellen konnten Aktionspotenziale nachgewiesen werden (Wayne 1994). Beispiele sind Zellen von der Mimose, der Venusfliegenfalle und von Algen. Häufig werden Protoplasmaströme unterbrochen, wenn es zum Auftreten eines Aktions-

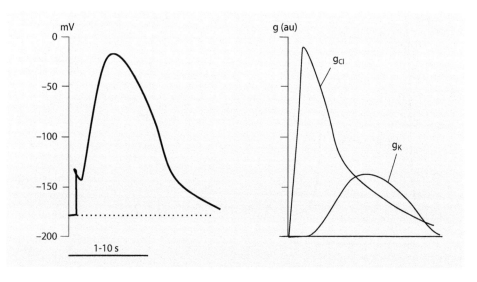

◩ Abb. 6.29 Aktionspotenzial in einer Pflanzenzelle und die damit einhergehenden Änderungen der Leitfähigkeit

potenzials kommt. Eine schematische Darstellung eines typischen Aktionspotenzials in einer Pflanzenzelle ist in ◩ Abb. 6.29 gegeben.

Qualitativ entspricht der Zeitverlauf des Aktionspotenzials dem in einer Nerven- oder Muskelzelle. Allerdings sind die Prozesse wesentlich langsamer. Anstelle der Aktivierung und Inaktivierung der Einwärtsflüsse von Na^+ kommt es hier zum Ausfluss von Cl^--Ionen. Es ist interessant zu erwähnen, dass das Ruhepotenzial einer Pflanze extrem negativ sein kann und Werte von etwa -200 mV erreicht werden können. Dieses negative Potenzial kann durch einen elektrogenen, H^+-ATPase-vermittelten Protonentransport erzeugt werden.

6.6 Übungsaufgaben

1. Worin bestanden die theoretischen, methodischen und experimentellen Grundlagen für die Arbeiten von Hodgkin und Huxley?
2. Beschreiben Sie die Spannungs- und Zeitabhängigkeiten von Membranströmen erregbarer Membranen auf Grundlage der Hodgkin-Huxley-Beschreibung.
3. Beschreiben Sie die Ausbreitung eines Aktionspotenzials auf Grundlage der Hodgkin-Huxley-Beschreibung.
4. Beschreiben Sie die Raum- und Zeitabhängigkeit der Potenzialausbreitung in einem linearen Kabel.
5. Worin bestehen die Vorteile myelinisierter Nervenfasern?
6. Beschreiben Sie eine Möglichkeit für Spontanaktivität.
7. Beschreiben Sie den Mechanismus der synaptischen Übertragung.
8. Welche Konsequenzen hat die Inaktivierung der Na^+-Kanäle? Diskutieren Sie die Auswirkungen einer z. B. verlängerten Inaktivierung.
9. Beschreiben Sie das Auftreten und die Konsequenzen von Oberflächenpotenzialen.
10. Wie lassen sich Oberflächenpotenziale bestimmen?
11. Beschreiben Sie den zeitlichen Verlauf von Aktionspotenzialen in verschiedenen Zelltypen, und geben Sie an, auf welchen Änderungen von Ionenpermeabilitäten sie beruhen.

Literatur

Axelrod J (1970) Noradrenaline: fate and control of its biosynthesis. Nobel Lectures 1963-1970
Bernstein J (1902) Untersuchungen zur Thermodynamik der bioelektrischen Ströme. Erster Theil. Pflügers Arch 92:521–562
Bernstein J (1912) Elektrobiologie. Vieweg, Braunschweig
Cha A, Snyder GE, Selvin PR, Bezanilla F (1999) Atomic scale movement of the voltage-sensing region in a potassium channel measured via spectroscopy. Nature 402:809–813
Eccles JC (1963) Noradrenaline: fate and control of its biosynthesis. Nobel Lectures 1963-1970
v Euler U (1970) Adrenergic neurotransmitter functions. Nobel Lectures 1963-1970
Hille B (1970) Ionic channels in nerve membranes. Progr Biophys Mol Biol 21:1–32
Hille B (1992) Ionic channels of excitable membranes, 2. Aufl. Sinauer, Sunderland
Hille B (2001) Ion channels of excitable membranes, 3. Aufl. Sinauer, Sunderland
Hodgkin AL (1963) The ionic basis of nervous conduction. Nobel Lectures 1963-1970
Hodgkin AL, Huxley AF (1952) A quantitative description of membrane current and its application to conductance and excitation in nerve. J Physiol 117:500–544

Hodgkin AL, Katz B (1949) The effect of sodium ions on the electrical activity of the giant axon of the squid. J Physiol (Lond) 108:37–77

Hodgkin AL, Keynes RD (1955) The potassium permeability of a giant nerve fibre. J Physiol 128:61–88

Hodgkin AL, Rushton WAH (1946) The electrical constants of a crustacean nerve fibre. Proc Royal Soc Med 133:444–479

Huxley AF (1963) The quantitative analysis of excitation and conduction in nerve. Nobel Lectures 1963-1970

Katz B (1970) On the quantal mechanism of neural transmitter release. Nobel Lectures 1963-1970

McLaughlin S (1989) The electrostatic properties of membranes. Ann Rev Biophys Biophys Chem 18:113–136

Neher E, Sakmann B (1976) Single-channel currents recorded from membrane of denervated frog muscle fibres. Nature 260:799–802

Taylor RE (1963) Cable theory. In: Nastuk WL (Hrsg) Physical techniques in biological research. Academic Press, New York, S 219–262

Tomita T, Iino S (1994) Ionic Channels in Smooth Muscle. In: Szekeres L, Papp JG (Hrsg) Pharmacology of Smooth Muscle. Handbook of Experimental Pharmacology, Bd. 111. Springer, Berlin, Heidelberg, S 35–56

Wayne R (1994) The excitability of plant cells: with a special emphasis on characean internodal cells. Bot Rev 60:265–367

Yu FH, Catteral WA (2003) Overview of voltage-gated sodium channel family. Genome Biol 4:207

Carrier-Transport

© Springer-Verlag GmbH Deutschland, ein Teil von Springer Nature 2018
J. Rettinger, S. Schwarz, W. Schwarz, *Elektrophysiologie*, https://doi.org/10.1007/978-3-662-56662-6_7

7.1 Allgemeine Eigenschaften von Carriern

Während porenbildende Proteine in ihrem offenen Zustand eine mehr oder weniger freie Diffusion von Ionen entlang des elektrochemischen Gradienten ermöglichen, durchlaufen Carrier-Proteine Konformationsänderungen, um ein Substrat über die Membrane zu transportieren. In diesem Kapitel wird an Beispielen illustriert, wie die Elektrophysiologie Carrier-Transport studieren kann. Abschließend wird kurz darauf eingegangen, dass verschiedene Carrier auch in einem Porenmodus arbeiten können.

7.1.1 Unterschiede zwischen Poren und Carriern

Die Kanäle oder porenbildenden Proteine können in ihrer einfachsten Form in zwei prinzipiell unterschiedlichen Konformationen vorliegen: (1) in einer Konformation, in der sie keine Pore bilden (die geschlossene Form), und (2) in einer offenen Form, in der sie als Porenstruktur die gesamte Membran durchspannen. Solch eine offene Pore erlaubt die mehr oder weniger freie Diffusion von Ionen entlang des elektrochemischen Gradienten. Poren können auf zwei verschiedene Weisen gebildet werden, wie es in ◻ Abb. 7.1 illustriert ist.

Entweder kann der Kanal durch Untereinheiten gebildet werden, die in der Phospholipiddoppelschicht (z. B. als Halbporen) flotieren und assoziieren können, um eine transmembrane Pore zu bilden, oder ein transmembranes Protein existiert bereits, das durch Konformationsänderungen zwischen einer geschlossenen und einer offenen Form wechseln kann (für charakteristische Eigenschaften von Poren im Vergleich zu Carriern s. auch ▶ Abschn. 1.1, ◻ Abb. 1.2 und ◻ Tab. 1.1).

Der Übergang zwischen den möglichen Konformationen einer Pore kann durch ein Reaktionsdiagramm für den *gating*-Mechanismus beschrieben werden, wobei die verschiedenen Zustände die verschiedenen offenen und geschlossenen Konformationen des Kanalproteins repräsentieren. Konsequenterweise repräsentieren Übergänge auch das Öffnen und Schließen der Pore. Als einfaches Beispiel hatten wir bereits früher den Na$^+$-Kanal des Hodgkin-Huxley-Modells (▶ Abschn. 6.1.2 HH-Beschreibung) mit ei-

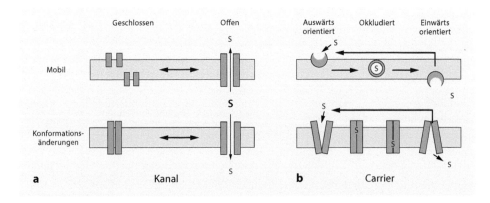

◻ **Abb. 7.1** Realisation des Stofftransports durch **a** Kanäle und **b** Carrier

nem geschlossenen Ruhe- (R), einem offenen aktivierten (O) und einem geschlossenen inaktivierten Zustand (I) angesprochen. Ein mögliches Reaktionsdiagramm hierfür wäre

Ähnlich wie wir es für die Porenbildung diskutiert haben, kann Carrier-Transport entweder durch ein in der Lipidmembran mobiles Transportmolekül erfolgen, oder ein transmembranes Protein existiert, das Konformationsänderungen mit einwärts bzw. auswärts gerichteten Substratbindungsstellen (s. ◻ Abb. 7.1b) durchläuft. Der Transportmechanismus für einen Carrier kann ebenfalls durch ein Reaktionsdiagramm mit Übergängen zwischen den verschiedenen Konformationszuständen des Carrier-Moleküls beschrieben werden. Hier repräsentieren die verschiedenen Zustände verschiedene Formen der Wechselwirkung des Substrats mit dem Transportprotein, und die Übergänge beschreiben den tatsächlichen Transport über die Membran. Im einfachsten Fall beinhaltet der Transport die Substratbindung auf einer Seite der Membran, Translokation über die Membran und Abgabe auf der anderen Membranseite. Ein einfaches Beispiel eines Reaktionsdiagramms hierfür wäre

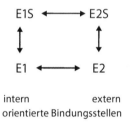

Auswärtstransport eines Substrats S würde in diesem Diagramm durch zyklisches Durchlaufen im Uhrzeigersinn beschreiben.

Für natürliche Transportproteine in einer Zellmembran existieren nur die transmembranen Versionen. Allerdings gibt es eine Reihe von Antibiotika, bei denen mobile Untereinheiten zur Porenbildung miteinander wechselwirken wie z. B. Gramicidin A und Alamethicin. Carrier-Transport vermittelnde Antibiotika sind z. B. Valinomycin oder Nonactin, die als mobile Moleküle zwischen Innen- und Außenseite der Membran diffundieren.

Werden Nettoladungen über die Membran transportiert, so generiert der Carrier-Transporter einen Strom. Als Konsequenz trägt hier das Membranpotenzial zur treibenden Kraft bei. Gemäß den Gesetzen der Thermodynamik sollte ein Potenzial E_r existieren, bei dem der Strom verschwindet. Wenn sich das Substrat auf beiden Seiten der Membran befindet, kann ein Umkehrpotenzial E_r erwartet werden. Bei Kanälen ist E_r durch die Nernst-Gleichung für das permeierende Ion gegeben; im Fall mehrerer permeierender Ionensorten mit derselben absoluten Valenz wird häufig die GHK-Gleichung verwendet (▶ Abschn. 2.4):

$$E_r = E_{GHK} = \frac{RT}{zF} \ln \frac{\sum P_k [c_k]_o}{\sum P_k [c_k]_i}.$$

Für einen Carrier, der n Substratmoleküle und z Nettoladungen über die Membran transportiert und dabei an den Transport von m_k Ionen der Ionensorte c_k gekoppelt ist, gilt unter stationären Bedingungen für das elektrochemische Potenzial μ_S

$$\mu_S = \sum \mu_k + \frac{zEF}{RT} \quad \text{oder}$$

$$\ln\left(\frac{[S]_o}{[S]_i}\right)^n = \sum_k \ln\left(\frac{[c_k]_i}{[c_k]_o}\right)^{m_k} + \frac{zFE_r}{RT}.$$

Damit ist das Umkehrpotenzial für einen solchen Carrier

$$E_r = \frac{RT}{zF}\left(\ln\left(\frac{[S]_o}{[S]_i}\right)^n + \sum\ln\left(\frac{[c_k]_o}{[c_k]_i}\right)^{m_k}\right).$$

Im Folgenden wollen wir einen allgemeinen Überblick darüber geben, wie Carrier arbeiten, welche Rolle sie bei physiologischen und pathophysiologischen Prozessen spielen und wie wir elektrophysiologische Methoden einsetzen können, um den Mechanismus des Carrier-Transports zu studieren.

7.1.2 Oozyten von *Xenopus*: ein Modellsystem

Ein Hauptproblem bei elektrophysiologischen Untersuchungen von Carrier-Transport ist die niedrige Transportrate (s. ◼ Tab. 1.1). Um Carrier-Transport studieren zu können, ist eine Zelle mit einer großen Oberfläche und einer hohen Dichte der Transporter wichtig. Außerdem ist eine niedrige Hintergrundleitfähigkeit aufgrund geöffneter Kanäle günstig. Die Oozyten des afrikanischen Krallenfroschs *Xenopus laevis* (◼ Abb. 7.2a) haben sich als ein ideales Modellsystem zur elektrophysiologischen Charakterisierung insbesondere von Carrier-Transport erwiesen.

Diese Zellen (◼ Abb. 7.2b) haben einen Durchmesser von mehr als 1 mm und eine Membranoberfläche von mehreren mm². Mikroelektroden können leicht eingestochen werden, und der Zwei-Mikroelektroden-Voltage-Clamp (▶ Abschn. 3.5.1 Zwei-Mikroelek-

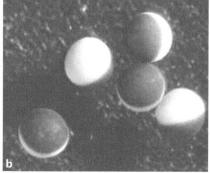

◼ **Abb. 7.2** Krallenfrosch *Xenopus laevis* **a**, ausgewachsene, prophase-arretierte Oozyten **b**

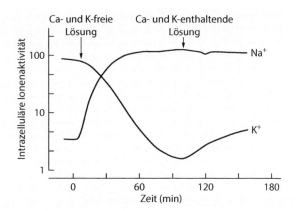

■ **Abb. 7.3** Intrazelluläre Na^+- und K^+-Aktivitäten in einer *Xenopus*-Oozyte, bestimmt durch Messung mit ionenselektiven Mikroelektroden während der Inkubation in Ca^{2+}-freier Lösung. (Silke Elsner und Wolfgang Schwarz (unpubliziert))

troden-Voltage-Clamp), der *Cut-Oocyte* Voltage-Clamp (▶ Abschn. 3.5.1 *Cut-Oocyte*-Voltage-Clamp) sowie verschiedene Versionen des Patch-Clamp (▶ Abschn. 3.6.1) können angewandt werden. Ein *Whole-Cell*-Voltage-Clamp ist natürlich nicht möglich, da hier die Voraussetzung, dass der Elektrodenwiderstand klein gegenüber dem Membranwiderstand ist, nicht gegeben ist. Aufgrund der enormen Größe der Zellen ist es aber möglich, z. B. weitere Elektroden in die Oozyte einzustechen, um mit ionenselektiven Elektroden intrazelluläre Ionenaktivitäten zu verfolgen (▶ Abschn. 3.4.3).

Wegen des großen Volumens einer Oozyte ändern sich während eines Experiments die zytoplasmatischen Konzentrationen in einer intakten Zelle kaum. Durch kurzzeitige Behandlung der Oozyte mit Ca^{2+}-freier Lösung kann man die Membran allerdings permeabel für Na^+ und K^+ machen. Das kann man nutzen, um die intrazellulären Na^+- und K^+-Konzentrationen einer Oozyte vor einem elektrophysiologischen Experiment zu manipulieren. ■ Abb. 7.3 illustriert die Änderungen der Ionenaktivitäten als Beispiel für die Anwendung ionenselektiver Mikroelektroden.

Neben ihrer idealen Zugänglichkeit für elektrophysiologische Methoden können die Oozyten als Expressionssystem genutzt werden. Wiederum ist es ihre enorme Größe, die die Mikroinjektion von DNA oder RNA in die Zelle sehr einfach gestaltet. Die Zellen verfügen über die komplette Maschinerie, um die DNA oder mRNA zu prozessieren, die entsprechenden Proteine zu synthetisieren und letztlich in ihre eigene Membran einzubauen, wo deren Funktion dann studiert werden kann. Die Größe der Zellen erlaubt es sogar, an einzelnen Zellen biochemische Methoden anzuwenden. Wir werden im Folgenden an drei Beispielen zeigen, wie die Elektrophysiologie in diesem Sinne genutzt werden kann. Insbesondere werden wir veranschaulichen, wie die Elektrophysiologie mit biochemischen, molekularbiologischen und pharmakologischen Techniken kombiniert werden kann, um grundlegende Fragen zur Transportfunktion, zu Struktur-Funktionsbeziehungen und solche von medizinisch-pharmakologischem Interesse zu beantworten.

Wegen ihrer leichten Handhabbarkeit und Zugänglichkeit für elektrophysiologische Methoden sind die *Xenopus*-Oozyten ein Modellsystem auch für die Untersuchung heterolog exprimierter Carrier-Proteine geworden. Im Folgenden werden wir zuerst am Beispiel dreier Carrier-Transporter typische Eigenschaften vorstellen, die mit elektrophysiologischen Methoden untersucht werden können.

◘ Abb. 7.4 Funktion des Bande-3-Proteins in Erythrozyten **a** und das zugehörige Reaktionsdiagramm **b**. Die E1-Konformation zeichnet sich durch einwärts orientierte Bindungsstellen aus, die E2-Konformation durch auswärts orientierte Bindungsstellen (der Übersichtlichkeit halber sind die Zustände mit okkludierten Anionen nicht eingezeichnet)

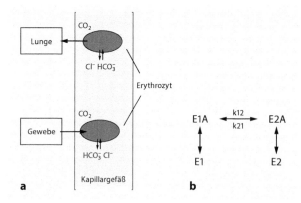

7.1.3 Anionenaustauscher

Der Anionenaustauscher der Erythrozyten, auch Bande-3-Protein genannt, führt unter physiologischen Bedingungen einen Austausch von Cl^- gegen HCO_3^- an der Zellmembran durch. Dieser Transporter ist der wohl am längsten untersuchte und wurde im Wesentlichen durch biochemische Methoden und Tracer-Fluxmessungen charakterisiert (Passow 1986). Seine physiologische Funktion und das Reaktionsdiagramm sind in ◘ Abb. 7.4 illustriert.

Die physiologische Bedeutung des Anionenaustauschers besteht darin, die Transportkapazität des Bluts für CO_2 zu erhöhen (◘ Abb. 7.4a). Ermöglicht wird dies durch die Carboanhydrase im Inneren der roten Blutzellen, die sehr schnell CO_2 in HCO_3^- überführt und umgekehrt. Unter physiologischen Bedingungen arbeitet der Transporter in einem HCO_3^-/Cl^--Austauschmodus; unter experimentellen Bedingungen kann er auch als Cl^-/Cl^--Austauscher arbeiten (s. ◘ Abb. 7.4b). In der E1-Konformation kann ein intrazelluläres Anion A binden, es folgt dann eine Konformationsänderung nach E2 mit extrazellulärer Abgabe von A. Erst nach Rückbindung eines extrazellulären Anions kann die Konformationsänderung zurück nach E1 erfolgen. Dieser Transportmodus ist elektrisch still, aber trotzdem könnte er durch das Membranpotenzial moduliert werden, wenn es z. B. bei den Konformationsänderungen zu Ladungsverschiebungen innerhalb des Proteins kommt, die durch spannungsabhängige Raten k_{12} und k_{21} beschrieben werden können:

$$k_{12} = k_{12}^0 e^{-vEF/RT} \quad \text{und} \quad k_{21} = k_{21}^0 e^{+uEF/RT}.$$

Um zu untersuchen, ob der Anionenaustauscher spannungsabhängig ist, müssen Tracer-Fluxmessungen bei verschiedenen Membranpotenzialen durchgeführt werden. Das ist natürlich an den einzelnen winzigen roten Blutzellen nicht möglich. Es ist aber möglich, die *Xenopus*-Oozyten als Expressionssystem für den Anionenaustauscher zu benutzen. Ein entsprechendes Experiment ist in ◘ Abb. 7.5 dargestellt. Die Radioaktivität in Form von $^{36}Cl^-$ in der Oozyte wird mit einem Geiger-Müller-Zählrohr unter Voltage-Clamp-Bedingungen gemessen (◘ Abb. 7.5a). Der Abfall an Radioaktivität bei Perfusion der Messkammer mit radioaktivfreier Lösung spiegelt den Efflux von Cl^- aus der Oozyte wider (◘ Abb. 7.5b). Der Anteil des Cl^--Effluxes, der vom Anionenaustauscher vermittelt wird, ergibt sich als die Differenz der Effluxraten in Abwesenheit und Gegenwart eines spezifischen Inhibitors des Bande-3-Proteins. Es zeigt sich, dass dieser

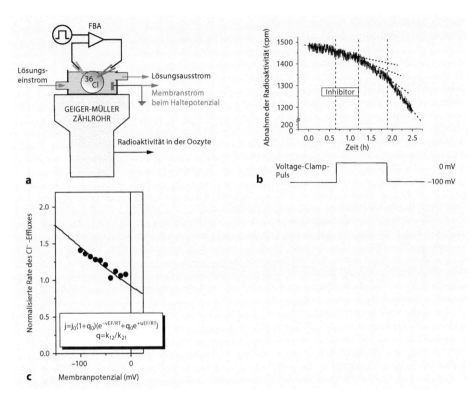

◻ **Abb. 7.6** Schematische Darstellung der spannungsabhängigen Bindung und der Konformationsänderungen. Die z-Werte repräsentieren effektive Valenzwerte der Ladungen, die im elektrischen Feld während der Cl^--Bindung, bzw. durch Konformationsänderungen infolge der Cl^--Bindung, verschoben werden

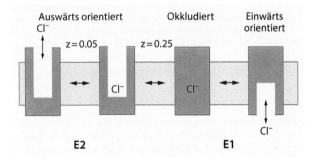

Cl^--Transport spannungsabhängig ist (◻ Abb. 7.5c). Wenn die Spannungsabhängigkeit des Cl^--Ausflusses von spannungsabhängigen Konformationsänderungen herrühren sollte (spannungsabhängige Übergangsraten k_{12} und k_{21}, ◻ Abb. 7.4b), sollte man ein Maximum erwarten. Das Fehlen eines Maximums könnte an einer extrem asymmetrischen Verteilung z. B. zugunsten von E1 liegen (s. Schwarz et al. 1992 und ◻ Abb. 7.6).

Für die Simulation der Daten musste neben der Konformationsänderung eine zusätzliche Spannungsabhängigkeit in Form einer spannungsabhängigen externen Anionenbindung hinzugefügt werden. Eine solche spannungsabhängige Wechselwirkung der transportierten Ionen mit dem Transportprotein lässt sich durch einen Zugangskanal (*access channel*) innerhalb des elektrischen Feldes veranschaulichen, der von den Ionen zum Erreichen ihrer Bindungsstelle passiert werden muss (s. ▣ Abb. 7.6).

7.1.4 Natriumpumpe

Die Existenz eines Zugangskanals in einem Carrier konnte erstmals in Experimenten mit der Na^+, K^+-Pumpe (Natriumpumpe) gezeigt werden (Rakowski et al. 1991). Die Na^+, K^+-Pumpe oder Na^+, K^+-ATPase ist das wichtigste Transportsystem in tierischen Zellen, deren funktionelle Bedeutung mit ▣ Abb. 7.7 illustriert werden soll.

Die Pumpe sorgt für die Aufrechterhaltung der elektrochemischen K^+- und Na^+-Gradienten, die an der Kontrolle einer großen Zahl von zellulären Funktionen beteiligt sind. Insbesondere werden die Gradienten von verschiedenen Transportsystemen genutzt, einschließlich der sogenannten sekundär aktiven Carrier mit Ko- oder Gegentransport eines Substrats. Die Na^+, K^+-ATPase nutzt die freie Energie der ATP-Hydrolyse, bei der ein ATP-Molekül in ADP und anorganisches Phosphat gespalten wird:

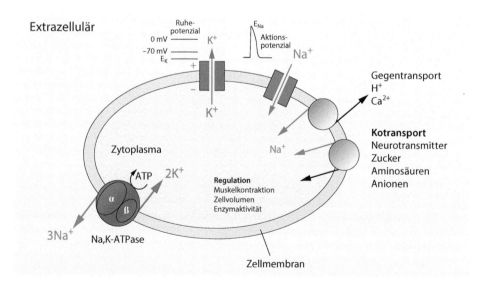

Die dabei freiwerdende Energie von 30,5 kJ/mol wird genutzt, um pro gespaltenem ATP-Molekül drei Na^+-Ionen aus der Zelle und zwei K^+-Ionen in die Zelle zu transportieren.

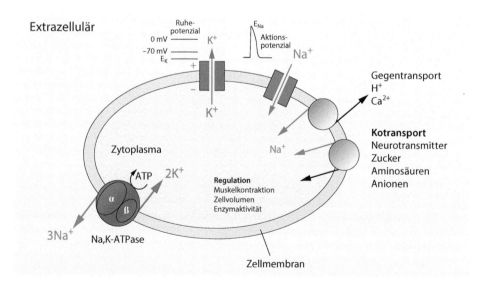

▣ **Abb. 7.7** Zellphysiologische Bedeutung der Na^+, K^+-Pumpe zur Aufrechterhaltung der Na^+- und K^+-Gradienten

Steady-State Pumpenstrom

Als Konsequenz der 3 Na$^+$, 2 K$^+$-Stöchiometrie ist die Na$^+$, K$^+$-Pumpe (Na$^+$, K$^+$-ATPase) elektrogen, d. h., sie generiert einen Strom. Dieser Strom kann als Maß für die Transportaktivität dienen und (zumindest prinzipiell) unter Voltage-Clamp-Bedingungen gemessen werden.

Das Reaktionsdiagramm der Na$^+$, K$^+$-Pumpe (■ Abb. 7.8) ist wesentlich komplexer als das für den Anionenaustauscher (■ Abb. 7.4b). In der E1-Konformation sind die zu transportierenden Kationen der zytoplasmatischen Seite zugekehrt, in der E2-Konformation weisen sie nach außen. Dabei hat E1 eine hohe Affinität für Na$^+$ und intrazelluläres ATP, während E2 eine hohe Affinität für K$^+$ aufweist. Unter physiologischen, aber auch bei einer Reihe von experimentellen Bedingungen kann das Diagramm reduziert werden (■ Abb. 7.9a).

Da die Pumpe elektrogen ist, liefert das Membranpotenzial einen Beitrag zur treibenden Kraft und macht die Pumpe aus thermodynamischen Gründen potenzialabhängig. Unter physiologischen Bedingungen zeigen die Pumpenströme eine ausgeprägte Spannungsabhängigkeit mit einem Maximum (■ Abb. 7.9b), was auf zwei spannungsabhängige Schritte im Reaktionszyklus hindeutet.

Ähnlich zum Anionenaustauscher könnte man an Konformationsänderungen oder an einen externen Zugangskanal denken. Für den Fall des Zugangskanals müsste man hierfür einen extrazellulären Kanalzugang sowohl für Na$^+$ als auch für K$^+$ annehmen, da die Spannungsabhängigkeit stark von den extrazellulären Na$^+$- und K$^+$-Konzentrationen abhängig ist mit effektiven Valenzen z_K und z_{Na} (s. ■ Abb. 7.10). Diese Valenzen sind ein Maß für die scheinbaren dielektrischen Tiefen des Zugangskanals.

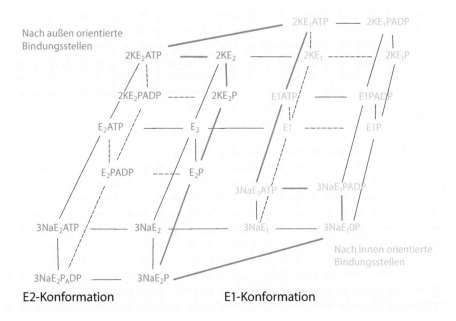

■ Abb. 7.8 Reaktionsdiagramm der Na$^+$, K$^+$-ATPase mit E1-Konformationen (Kationenbindungsstellen nach innen weisend) und E2-Konformationen (Kationenbindungsstellen nach außen weisend). (Nach Vasilets und Schwarz 1993, Fig. 2, mit freundlicher Genehmigung von Elsevier AG, 1993)

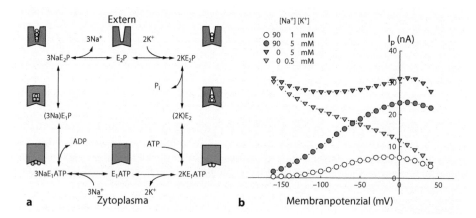

Abb. 7.9 Reduziertes Reaktionsdiagramm der Na⁺, K⁺-ATPase (**a**) und Spannungsabhängigkeit der Pumpenströme (**b**) bei verschiedenen extrazellulären Na⁺- und K⁺-Konzentrationen. (Nach Vasilets und Schwarz 1993, mit freundlicher Genehmigung von Elsevier AG 1993). Die offenen Kreise gelten für physiologische Bedingungen

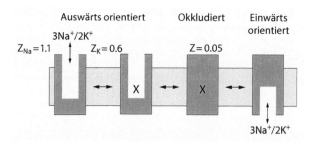

Abb. 7.10 Schematische Darstellung der spannungsabhängigen Bindung und der Konformationsänderungen für die Na⁺, K⁺-Pumpe unter Verwendung des Konzepts eines Zugangskanals (*X* steht für 3 Na⁺ oder 2 K⁺). Die *z*-Werte repräsentieren effektive Valenzwerte der Ladungen, die im elektrischen Feld während der Kationenbindung, bzw. durch Konformationsänderungen infolge der Kationenbindung, verschoben werden

Für eine vollständige Beschreibung der Spannungsabhängigkeit muss allerdings noch ein weiterer spannungsabhängiger Beitrag berücksichtigt werden, der eine potenzialabhängige Konformationsänderung reflektieren könnte, ähnlich wie wir es bereits für den Anionenaustauscher diskutiert haben (s. ▢ Abb. 7.6 und ▢ Abb. 7.10).

Während beim Anionenaustauscher die Konformationsänderung den Hauptbeitrag liefert, dominieren bei der Pumpe die Bindungsschritte für die externen Kationen die Potenzialabhängigkeit.

Transiente Pumpenströme

Wenn wir den Transportzyklus durch extrazellulär K⁺-freie Lösung unterbrechen, kann der Transporter als Na⁺, Na⁺-Austauscher arbeiten (linker Ast im Reaktionsdiagramm von ▢ Abb. 7.9a), und wir können Partialreaktionen analysieren:

$$E1ATP \rightleftharpoons 3NaE1ATP \rightleftharpoons (3Na)E1P \rightleftharpoons 3NaE2P \rightleftharpoons E2P.$$

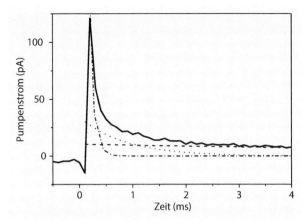

☐ Abb. 7.11 Transienter Strom im Na$^+$/Na$^+$-Austauschmodus, beschreibbar als Summe von 3 e-Funktionen. (Basierend auf Salonikidis et al. 2000, mit freundlicher Genehmigung von Elsevier AG, 2000)

Wenn der Membran ein Potenzialsprung aufgeprägt wird, wird sich aufgrund der Spannungsabhängigkeit der Übergangsraten eine neue Gleichgewichtsverteilung zwischen den Zuständen in dem Reaktionsdiagramm einstellen, und die damit verbundenen Ladungsverschiebungen werden zu transienten Strömen führen (s. ☐ Abb. 7.11). Wegen der großen Oberfläche einer Zelle bedarf es einer längeren Zeit für die Umladung der Membrankapazität, sodass transiente Ströme nur mit Einschränkungen analysiert werden können. Mit der *giant*-Patch-Technik (s. ► Abschn. 3.6.2) sind aber, bedingt durch die höhere Zeitauflösung, hinreichend genaue Messungen möglich. Die transienten Ströme beinhalten kinetische Information über einzelne Schritte in dem Reaktionszyklus. Die in ☐ Abb. 7.11 sichtbaren Komponenten reflektieren möglicherweise zwei spannungsabhängige Schritte der Na$^+$-Bindung und eine spannungsabhängige Konformationsänderung.

7.1.5 Neurotransmittertransporter GAT1

Als Beispiel für einen sekundär aktiven Transporter wollen wir kurz den Transporter für den Neurotransmitter GABA (γ-Amino-Buttersäure) behandeln. GABA ist der dominierende inhibitorische Neurotransmitter im zentralen Nervensystem von Säugetieren. Die Funktion des GABAergen Systems ist in ☐ Abb. 7.12 illustriert.

Bei Ankunft eines Aktionspotenzials am Nervterminus werden dort Ca^{2+}-selektive Kanäle geöffnet. Der Einstrom von Ca^{2+} löst die vesikuläre Freisetzung des Transmitters aus, der über den synaptischen Spalt diffundiert und postsynaptische Rezeptoren aktiviert (s. auch ☐ Abb. 6.23). Diese Rezeptoren können bei Aktivierung selbst Kanäle bilden, oder sie aktivieren über G-Proteine gekoppelte Kanäle. Im Fall des inhibitorischen Transmitters GABA führt das zu einer Hyperpolarisation der postsynaptischen Membran. Zur Beendigung der synaptischen Übertragung muss der Transmitter aus dem synaptischen Spalt entfernt werden, was im Wesentlichen durch Na$^+$-getriebene Transporter erfolgt.

Der Transporter für GABA, kurz GAT genannt, sorgt für die Aufnahme von einem Molekül GABA pro Transportzyklus und wird dabei durch die gleichzeitige Aufnahme von vermutlich zwei Na$^+$-Ionen und einem Cl$^-$-Ion angetrieben.

Die Energie, die bei der Ionenbewegung entlang ihrer elektrochemischen Gradienten freigesetzt wird, wird benutzt, um GABA in die Zelle zu transportieren, sodass eine

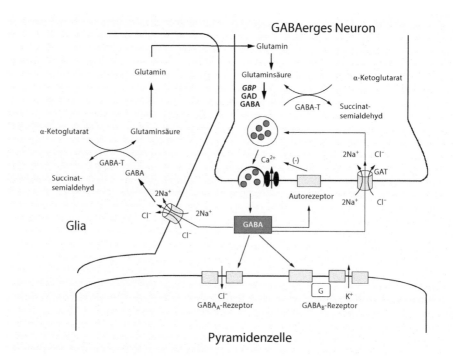

◘ Abb. 7.12 GABAerge Synapse. (Basierend auf Eckstein-Ludwig et al. 2000, Fig. 1, mit freundlicher Genehmigung von Elsevier AG, 2000)

GABA-Aufnahme auch gegen einen Gradienten möglich ist. Das entsprechende Reaktionsdiagramm ist in ◘ Abb. 7.13a dargestellt.

Wegen der $2\,Na^+/1\,Cl^-$ Stöchiometrie ist der Transporter elektrogen; er produziert einen einwärts gerichteten Strom und sollte eine Spannungsabhängigkeit aufweisen, wie sie z. B. in ◘ Abb. 7.13b dargestellt ist. Den durch den GAT erzeugten Strom kann man durch die Differenzbildung der Stromsignale in Gegenwart und Abwesenheit von extra-

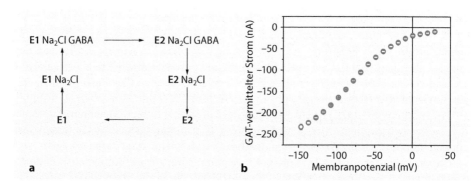

◘ Abb. 7.13 Reaktionsdiagramm des GABA-Transporters GAT1 (**a**) und eine typische Spannungsabhängigkeit des GAT-vermittelten Stroms (gemessen als GABA-induzierter Strom in *Xenopus*-Oozyten) (**b**)

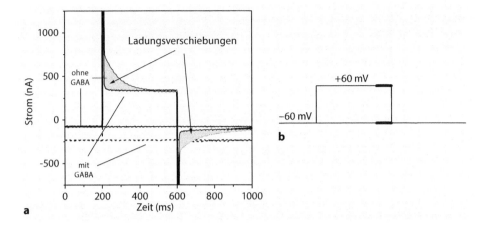

a

b

Abb. 7.14 Stromantwort auf eine rechteckförmige Spannungsänderung in Abwesenheit und Anwesenheit von GABA. (Basierend auf Eckstein-Ludwig et al. 1999, Fig. 1, mi freundlicher Genehmigung von John Wiley and Sons, 1999)

zellulärem GABA ermitteln (s. z. B. ◘ Abb. 7.14). Da negative Potenziale den GAT stimulieren, beobachtet man erwartungsgemäß bei −60 mV einen einwärts gerichteten GABA-induzierten Strom; während des Voltage-Clamp-Pulses auf +60 mV kann dagegen kein stationäres Stromsignal detektiert werden. Die Oozyten von *Xenopus* sind für derartige Messungen besonders geeignet, da diese über keine endogenen GABA-Rezeptoren oder GABA-Transporter verfügen, die sonst ebenfalls aktiviert werden würden.

In Abwesenheit von GABA kann der Transportzyklus nicht vollständig durchlaufen werden. Als Antwort auf einen Potenzialsprung führt die Bindung von extrazellulärem Na^+ aber zu einem langsamen transienten Signal (◘ Abb. 7.14). Wie wir bereits diskutiert haben (► Abschn. 3.5.2), lässt sich aus der Spannungsabhängigkeit der Ladungsverteilung die effektive Valenz und die Anzahl der beteiligten Transporter ermitteln. Aus dem Zeitverlauf des transienten Stroms ergeben sich außerdem Informationen über die zugeordneten Reaktionsschritte.

7.2 Carrier verhalten sich wie Kanäle mit alternierenden Toren

Wir haben jetzt erfahren, dass Carrier zumindest teilweise Kanaleigenschaften besitzen, wobei die Ionen einen Teil der transmembranen Strecke durch eine kanalähnliche Struktur durchqueren. Der eigentliche Carrier-Mechanismus braucht daher nur über eine sehr kurze Distanz zu erfolgen.

Wir können uns das anschaulich wie in einem Kanal vorstellen, bei dem ein Schiff zwei Schleusentore passieren muss (◘ Abb. 7.15). Wenn in einem solchen Kanal ein Schleusentor defekt ist und sich nicht mehr schließen lässt, so haben wir einen Kanal mit nur noch einem Tor, nach dessen Öffnung eine ungehinderte Abwärtspassage möglich wird. Eine solche Situation kann z. B. beim Anionenaustauscher gelegentlich eintreten. In Flussmessungen konnte nämlich neben dem Austauschtransport auch ein winziger Nettofluss beobachtet werden, der auf das Öffnen einzelner anionenpermeabler Kanäle zurückge-

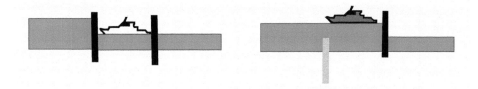

Abb. 7.15 Kanal mit zwei Schleusentoren zur Illustration eines Transporters mit Zugangskanal

Abb. 7.16 Einzelkanalaktivität von Bande-3 mit NO_3^- als Ladungsträger. (Basierend auf Schwarz et al. 1989, Fig. 6, mit freundlicher Genehmigung von Elsevier AG, 1989)

führt werden kann (■ Abb. 7.16); die Öffnungsperioden dieser Kanäle treten allerdings extrem selten auf.

Auch für Neurotransmittertransporter wurde die Existenz eines Kanalmodus postuliert. ■ Abb. 7.17 illustriert das Ergebnis eines Experiments mit dem GABA-Transporter GAT. Dabei wurde die Aufnahme des radioaktiv markierten Neurotransmitters unter Voltage-Clamp gemessen, sodass die GABA-Aufnahmerate und der Strom gleichzeitig bestimmt werden konnten. Unter der Annahme, dass zwei Na^+-Ionen und ein Cl^--Ion pro GABA-Molekül transportiert werden, lässt sich ein Strom berechnen, der wesentlich kleiner als der tatsächlich gemessene ist. Außerdem weist der Strom eine stärkere Potenzialabhängigkeit auf als die GABA-Aufnahmerate. Beide Beobachtungen legen die Vermutung nahe, dass neben dem Carrier-Modus ein kanalähnlicher Modus existiert.

Für die Na^+, K^+-Pumpe konnte unter physiologischen Bedingungen kein Kanalmodus beobachtet werden, jedoch lässt sich mithilfe des Gifts Palytoxin (■ Abb. 7.18b) ein solcher induzieren. Dieses Toxin wird aus der Weichkoralle *Palytoa* (■ Abb. 7.18a) gewonnen und ist wohl das toxischste natürliche Gift.

Ein ausführlicher Übersichtsartikel über die pharmakologische Wirkung von PTX wurde von C. H. Wu (2014) publiziert. In Gegenwart dieses Toxins erzeugt die Na^+,

Abb. 7.17 Vergleich zwischen GAT-vermitteltem Flux und Strom. (Basierend auf Eckstein-Ludwig et al. 2000, Fig. 1, mit freundlicher Genehmigung von Elsevier AG, 2000)

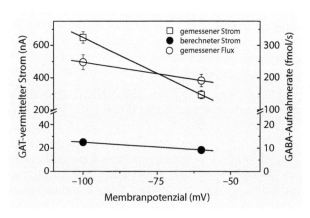

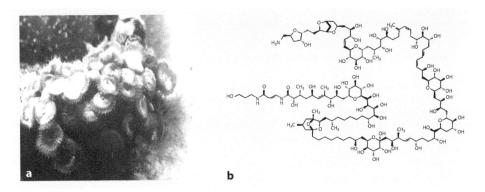

■ **Abb. 7.18** **a** Spezies der maritimen Weichkoralle *Palytoa* und **b** Struktur des Palytoxins (PTX)

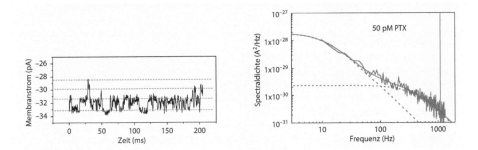

■ **Abb. 7.19** Einzelkanalaktivität und Stromrauschen von Palytoxin-modifizierten Na^+-Pumpen. (Basierend auf Vasilets et al. 2000, Fig. 2, mit freundlicher Genehmigung von Elsevier AG 2000)

K^+-Pumpe Einzelkanalereignisse (■ Abb. 7.19a), die auf das Permeieren von Na^+- und K^+-Ionen zurückgeführt werden können. Da die Pumpe in sehr hoher Dichte in der Zellmembran vertreten ist, kann man die Einzelkanalereignisse nur während der anfänglich einsetzenden Wirkungsphase beobachten. Später lassen sich nur *steady-state*-Ströme (s. ■ Abb. 8.3a) registrieren, oder erhöhte Stromfluktuationen können einer Fluktuationsanalyse unterzogen werden (■ Abb. 7.16b).

7.3 Übungsaufgaben

1. In welchen Eigenschaften unterscheiden sich Kanäle und Carrier?
2. Wie lautet die Gleichung für das Umkehrpotenzial des GABA-Transporters?
3. Welche elektrischen Signale lassen sich von der Na^+, K^+-ATPase detektieren, und welche Informationen lassen sich aus diesen Signalen extrahieren?
4. Wie lässt sich experimentell entscheiden, ob Ströme durch das Öffnen von Kanälen oder durch Transporter erzeugt werden?
5. Was verstehen wir unter primär und sekundär aktivem Transport?
6. Unter welchen Bedingungen können Transporter Kanaleigenschaften zeigen?

Literatur

Eckstein-Ludwig U, Fei J, Schwarz W (1999) Inhibition of uptake, steady-state currents, and transient charge movements generated by the neuronal GABA transporter by various anticonvulsant drugs. Br J Pharmacol 128:92–102

Eckstein-Ludwig U, Fueta Y, Fei J, Schwarz W (2000) The neuronal GABA transporter GAT1 as a target for action of antiepileptic drugs. In: Suketa et al (Hrsg) Control and diseases of sodium transport proteins and channels. Elsevier, Amsterdam, S 373–376

Grygorczyk R, Schwarz W, Passow H (1987) Potential dependence of the "electrically silent" anion exchange across the plasma membrane of Xenopus oocytes mediated by the band-3 protein of mouse red blood cells. J Membrane Biol 99:127–136

Passow H (1986) Molecular aspects of band 3 protein-mediated anion transport across the red blood cell membrane. Rev Physiol Bch Phar 103:61–203

Rakowski RF, Vasilets LA, LaTona J, Schwarz W (1991) A negative slope in the current-voltage relationship of the Na^+/K^+ pump in Xenopus oocytes produced by reduction of external [K^+]. J Membrane Biol 121:177–187

Salonikidis P, Kirichenko SN, Tatjanenko LV, Schwarz W, Vasilets LA (2000) Effects of extracellular pH on the function of the Na^+,K^+-ATPase. In: Taniguchi K (Hrsg) The Sodium Pump. Elsevier, Amsterdam

Schwarz W, Grygorczyk R, Hof D (1989) Recording single-channel currents from human red-cells. Meth Enzymol 173:112–121

Schwarz W, Gu Q, Passow H (1992) Potential dependence of mouse band 3-mediated anion exchange in xenopus oocytes. In: Bamberg E, Passow H (Hrsg) The band 3 proteins: anion transporters, binding proteins and senecent antigens. Elsevier, Amsterdam, S 161–168

Vasilets LA, Schwarz W (1993) Structure-function relationships of cation binding in the Na^+/K^+-ATPase. Biochim Biophys Acta 1154:201–222

Vasilets LA, Wu CH, Wachter E, Schwarz W (2000) Gating role of the N-terminus of α-subunit of the Na^+, K^+-ATPase converted into a channel by palytoxin. In: Suketa Y (Hrsg) Control and deseases of sodium transport proteins and channels. Elsevier, Amsterdam

Wu CH (2014) Pharmacological action of palytoxin. In: Rossini GP (Hrsg) Toxins and biological active compounds from microalgae, Bd. 2. CRC Press Taylor & Francis Group, Boca Raton, London, New York

Moderne Anwendungsbeispiele aus der Elektrophysiologie

© Springer-Verlag GmbH Deutschland, ein Teil von Springer Nature 2018
J. Rettinger, S. Schwarz, W. Schwarz, *Elektrophysiologie*, https://doi.org/10.1007/978-3-662-56662-6_8

Alle Verfahren, die wir bisher diskutiert haben, Flussmessungen, Messungen von stationären und transienten Strömen und die entsprechenden Auswertverfahren können genutzt werden, um Funktion, Regulation und Struktur-Funktionsbeziehungen zu analysieren. Solche Informationen können wir gewinnen, indem wir die Funktionen von chemisch oder genetisch modifizierten Carriern oder Kanälen charakterisieren und miteinander vergleichen. Letzteres gilt auch für natürlich auftretende Mutationen, die Ursache für verschiedene Krankheiten sein können; die mit den genannten Methoden gewonnenen Erkenntnisse sind wichtiger Bestandteil für das Verständnis und die Behandlung solcher Krankheiten.

Für viele der Transportproteine konnte die Aminosäuresequenz und die mögliche Orientierung des Proteins in der Membran ermittelt werden, oder es konnte sogar die dreidimensionale Struktur bestimmt werden. Im Folgenden wollen wir die Vorgehensweise eines Elektrophysiologen illustrieren, um Struktur, Funktion und Regulation von Membrantransport zu untersuchen, und zwar an drei Beispielen: der Na^+, K^+-ATPase (▶ Abschn. 8.1.1, ◘ Abb. 8.1), dem Neurotransmittertransporter GAT (▶ Abschn. 8.1.2, ◘ Abb. 8.4) und den Nukleotidrezeptoren (▶ Abschn. 8.2.2, ◘ Abb. 8.6), die in Gegenwart von extrazellulärem ATP einen Kanal bilden.

Für das Verständnis der Wirkung chemischer Stoffe sowie die Entwicklung neuer Medikamente zur Behandlung von Krankheiten stellt die Elektrophysiologie eine leistungsfähige Methode bereit, um die Wechselwirkung solcher Substanzen mit ihren Rezeptoren zu erforschen. Als Beispiel wird dieses an viralen Ionenkanälen illustriert, die eine wichtige Rolle für die Virenreplikation spielen (▶ Abschn. 8.3).

8.1 Struktur-Funktionsbeziehungen von Carrier-Proteinen

8.1.1 Na^+, K^+-Pumpe

Die Na^+, K^+-ATPase (s. Übersichtsarbeit von (Vasilets und Schwarz 1993) ist ein Heterodimer aus einer α-Untereinheit von ungefähr 100 kDa und einer kleineren glykosylierten β-Untereinheit von ungefähr 60 kDa (s. ◘ Abb. 8.1). Mindestens vier Isoformen der α-Untereinheit und drei der β-Untereinheit wurden bisher identifiziert, die alle eine gewebespezifische Verteilung aufweisen. Auf der α-Untereinheit sind alle funktionell wichtigen Stellen lokalisiert, wie die Bindungsstelle für ATP und die Phosphorylierungsstelle, die Stellen, mit denen die transportierten Kationen wechselwirken und solche für die spezifisch inhibitorischen Herzglykoside wie z. B. Strophantin (Ouabain) und die Bindungsstelle für Palytoxin (s. ▶ Abschn. 7.2).

Eine Möglichkeit, Modulationen der Na^+, K^+-ATPase-Aktivität zu untersuchen, besteht darin, den elektrogenen, von der Na^+, K^+-Pumpe generierten Strom unter Voltage-Clamp zu messen. Strommessungen haben beispielsweise bestätigt, dass eine Mutation von Q_{118} (Glutamin) und N_{129} (Asparagin) in die geladenen Aminosäuren R (Arginin) bzw. D (Asparaginsäure) (◘ Abb. 8.1) die ATPase unempfindlich gegenüber Ouabain macht. Die β-Untereinheit ist für die richtige Faltung und den korrekten Einbau des gesamten Proteins in die Membran notwendig. Die Kombination einer α-Untereinheit mit verschiedenen Isoformen der β-Untereinheit führt zu unterschiedlichen

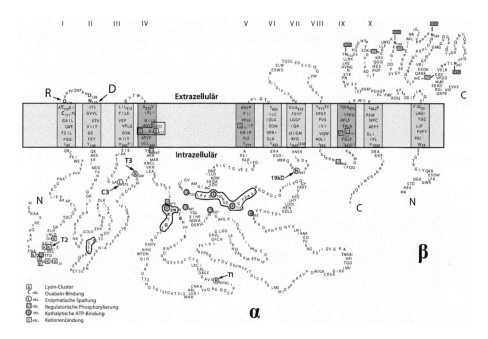

◘ Abb. 8.1 Aminosäuresequenz der Na$^+$, K$^+$-ATPase. (Basierend auf Vasilets und Schwarz 1993, mit freundlicher Genehmigung von John Wiley and Sons, 1993)

funktionellen Eigenschaften, sodass für die β-Untereinheit auch eine regulatorische Rolle diskutiert wurde. Außerdem wurde eine γ-Untereinheit identifiziert, die ebenfalls eine regulatorische Funktion zu haben scheint.

In der α-Untereinheit der Na$^+$, K$^+$-ATPase sind mehrere negativ geladene Aminosäuren in transmembranen Domänen lokalisiert (◘ Abb. 8.1), die an der Wechselwirkung mit den transportierten Kationen beteiligt sein könnten. Mutationen dieser Aminosäuren zu Alanin führen erwartungsgemäß zu einer Veränderung in der Länge des apparenten dielektrischen Zugangskanals, die durch die effektive Valenz z beschrieben wird (s. z. B. Glutamat 334 und 960 in ◘ Abb. 8.2).

Der N-Terminus ist der Bereich mit den größten Unterschieden zwischen den verschiedenen Isoformen der α-Untereinheiten und kann möglicherweise für isoformenspezifische Funktionen in verschiedenen Geweben verantwortlich sein. Zumindest weisen die Pumpenisoformen unterschiedliche Strom-Spannungsabhängigkeiten auf. Mutationen in diesem Bereich (wie die Trunkierung in ◘ Abb. 8.2) führen ebenfalls zu veränderten Transporteigenschaften, wozu wiederum Veränderungen in der Wechselwirkung der extrazellulären Kationen und der Bindung des extrazellulär wirkenden Ouabains gehören. Ein wichtiger regulatorischer Prozess bei vielen Membranproteinen ist die Phosphorylierung an Serinen und Threoninen (s. ◘ Abb. 8.1) durch Proteinkinasen. Bei der Na$^+$, K$^+$-ATPase ist das insbesondere das Serin im Bereich des N-Terminus mit den bereits erwähnten Konsequenzen. Es ist ein bemerkenswerter, interessanter Befund, dass der hoch flexible zytoplasmatische N-Terminus extrazelluläre Wechselwirkungen beeinflusst. Er stellt ein Beispiel für allosterische Wechselwirkungen in einer komplexen Proteinstruktur dar.

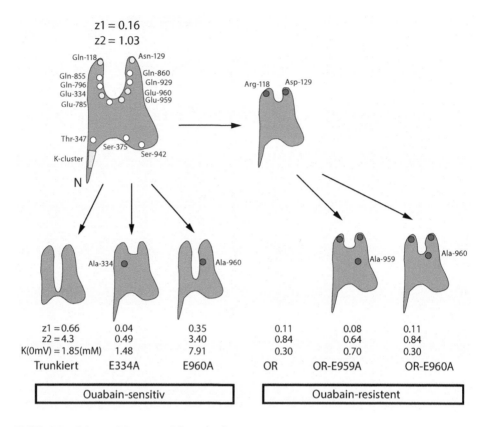

Abb. 8.2 „Zahnarzt-Präsentation" der Na^+, K^+-Pumpe. (Basierend auf Schwarz und Vasilets 1996, Fig. 4, mit freundlicher Genehmigung von Wiley and Sons, 1996)

Wir haben oben beschrieben (s. ▶ Abschn. 7.2, ◱ Abb. 7.19), dass Palytoxin (PTX) die Na^+, K^+-Pumpe in einen Kanal überführt. Während langanhaltender Voltage-Clamp-Pulse induziert Palytoxin einen Strom, der bei sehr positiven Potenzialen inaktiviert (◱ Abb. 8.3a). Eine Inaktivierung bei positiven Potenzialen findet man auch bei manchen Na^+- und K^+-Kanälen, die sich auf eine positiv geladene „Kugel" im Bereich des N-Terminus zurückführen lässt. Die Kugel kann wie an einer Kette (*ball at a chain*) die innere Kanalöffnung spannungsabhängig verstopfen und dadurch eine einwärts verstärkende stationäre IV-Beziehung verursachen (s. z. B. auch ▶ Abschn. 5.2.2). Eine ähnliche Interpretation wurde auch für die PTX-modifizierte Na^+, K^+-Pumpe vorgeschlagen. So zeigt die trunkierte Mutante diese Inaktivierung nicht mehr (◱ Abb. 8.3b), aber die intrazelluläre Applikation des trunkierten N-terminalen Peptids stellt die Inaktivierung teilweise wieder her (◱ Abb. 8.3c).

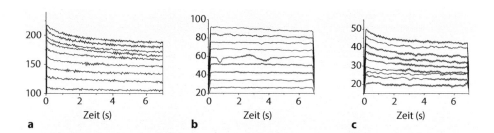

a   Zeit (s)   **b**   Zeit (s)   **c**   Zeit (s)

◘ Abb. 8.3 PTX-induzierte Ströme des Wildtyps der Na$^+$, K$^+$-Pumpe (**a**) und einer trunkierten Mutanten ohne das N-terminale Peptid (**b**) oder mit dem im internen Medium gelösten Peptid (**c**). (Nach Wu et al. 2003, Fig. 4, mit freundlicher Genehmigung von Elsevier AG, 2003)

8.1.2 Na$^+$-abhängiger GABA-Transporter (GAT1)

Die Aktivität von Neurotransmittertransportern spielt eine wichtige Rolle für die Beendigung einer synaptischen Signalübertragung (s. ▶ Abschn. 7.1.5). Insofern ist eine detaillierte Kenntnis der Struktur-Funktionsbeziehungen eine wichtige Voraussetzung für das Verständnis physiologischer und pathophysiologischer Hirnfunktionen.

Wir hatten schon auf die wichtige Bedeutung einer regulatorischen Phosphorylierung der Na$^+$, K$^+$-Pumpe durch Proteinkinasen hingewiesen, was auch für die Neurotransmittertransporter gilt. Die Vorgehensweise für die Identifikation solcher Phosphorylierungsstellen ist die gleiche, wie wir es für die Na$^+$, K$^+$-Pumpe beschrieben haben. Mögliche Aminosäuren für die Phosphorylierung des GAT (s. ◘ Abb. 8.4) werden mutiert, die Mutanten werden dann funktionell charakterisiert und die Ergebnisse mit denen für den Transporter des Wildtyps verglichen.

In jüngerer Zeit wurde auch vorgeschlagen, dass Glykosylierung an der Regulation von Transportfunktionen beteiligt sein kann. Mutation der Glykoslierungsstellen des GAT (s. N_{176}, N_{181}, N_{184} in ◘ Abb. 8.4) führt in der Tat zu verändertem Transport. Das in

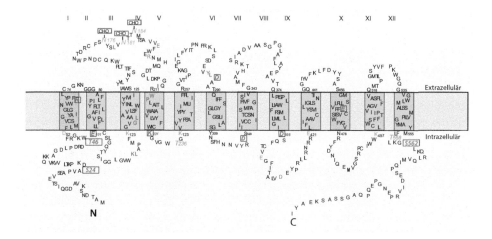

◘ Abb. 8.4 Aminosäuresequenz des GAT1 aus der Maus

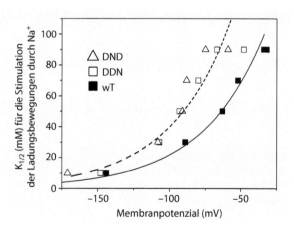

□ Abb. 8.5 Auswirkung der Mutation von Glykosylierungsstellen an Position 176, 181 und 184. (Nach Liu et al. 1998, mit freundlicher Genehmigung von Elsevier AG, 1998)

□ Abb. 8.5 dargestellte Beispiel zeigt, dass eine Mutation von zwei der drei Asparagine (N) zu Asparaginsäure (D) zu einer reduzierten Sensibilität für extrazelluläres Na^+ führt.

8.2 Struktur-Funktionsbeziehungen von Ionenkanälen

Ionenkanäle werden üblicherweise nach Unterschieden in ihren funktionellen Eigenschaften oder in ihrer molekularen Struktur klassifiziert. Dazu zählen Ionenselektivität, Unterschiede in der Regulation des *gatings*, die Anzahl der Untereinheiten, die einen Kanal bilden, Anzahl der transmembranen Domänen oder Sequenzhomologien. Ionenkanäle, die wichtige Eigenschaften gemeinsam haben, werden dabei bestimmten Familien zugeordnet. Einige dieser Ionenkanalfamilien sollen im Folgenden vorgestellt werden. Für weitergehende Informationen über Ionenkanäle möchten wir nochmals auf das Buch von Hille (2001) verweisen.

8.2.1 Familien der Ionenkanäle

Familie der spannungsaktivierten Kationenkanäle (Voltage-gated Ion Channels, VICs)

Obwohl einige Kanäle dieser Gruppe zusätzlich zur elektrischen Spannung durch Ligandenbindung kontrolliert werden, stellt die Kontrolle durch das transmembrane elektrische Feld das gemeinsame Charakteristikum dar. Funktionell charakterisierte Mitglieder sind permeabel für K^+-, Na^+-, oder Ca^{2+}-Ionen (s. auch ▶ Abschn. 5.2). Hauptaufgabe der spannungsabhängigen Kanäle ist das Mitwirken an der Formung des Aktionspotenzials und die Beeinflussung der elektrischen Eigenschaften von biologischen Zellen.

K^+-Kanäle sind in der Regel Homotetramere, wobei jede der vier Untereinheiten sechs transmembranäre Domänen aufweist (s. auch □ Abb. 6.8). Es sind mindestens zehn Typen von K^+-Kanälen bekannt, die sich in ihren funktionellen Eigenschaften unterscheiden: spannungsabhängige (Ka, Kv, Kvr, Kvs und Ksr), Ca^{2+}-sensitive (BKCa, IKCa und SKCa) und ligandengesteuerte Kanäle (KM und KACh). Zusätzlich existieren tetramere Kanäle, deren einzelne Untereinheit nur zwei transmembrane Domänen aufweist, wobei diese den TM-Domänen 5 und 6 des TM6-Typs entsprechen (s. ◘ Abb. 6.8) Man bezeichnet diese als Einwärtsgleichrichterkanäle (*inward rectifier*, Kir), da sie einwärtsgerichtete Ströme erleichtern.

Die α-Untereinheiten der Ca^{2+}- und Na^+-Kanäle haben die etwa vierfache Länge verglichen mit den K^+-Kanaluntereinheiten und beinhalten vier Sequenzwiederholungen (s. ◘ Abb. 6.11). Dabei ist jede dieser vier Wiederholungen homolog zur einzelnen Untereinheit eines K^+-Kanals. Es gibt fünf Typen von Ca^{2+}-Kanälen (L, N, P, Q und T) und mindestens sechs Typen von Na^+-Kanälen (I, II, III, μ1, H1 und PN3).

Familie der ligandenaktivierten Ionenkanäle (Ligand-gated Ion Channels, LIC)

Zu dieser Gruppe gehören die ionotropen Neurotransmitterrezeptoren die z. B. durch die Bindung von Azetylcholin, Serotonin, Glycin, Glutamat oder γ-Amino-Buttersäure (GABA) aktiviert werden. Alle diese Rezeptoren sind Hetero- oder Homomere, die aus drei, vier oder fünf Untereinheiten aufgebaut sind. Unter diesen Rezeptoren findet man die nikotinischen Azetylcholinrezeptoren als die bei Weitem am besten charakterisierten. Azetylcholinrezeptoren sind Pentamere, die – im Falle des in der Muskulatur vorkommenden Vertreters – aus vier verschiedenen Untereinheiten in der Anordnung $\alpha_2\beta\gamma\delta$ aufgebaut sind. Kanäle der LIC-Familie sind permeabel für Kationen oder Anionen (Azetylcholinrezeptoren sind z. B. unspezifische Kationenkanäle, Glyzinrezeptoren hingegen sind permeabel für Anionen).

Chloridkanalfamilie (ClC)

Die große Familie der Chloridkanäle besteht aus Dutzenden bereits sequenzierter Proteine, die in Bakterien, Pflanzen und Tieren nachgewiesen werden konnten. Charakteristisch für diese Familie sind 10–12 transmembranäre, α-helicale Domänen und das Auftreten in der Plasmamembran als Homodimer. Während ein Mitglied der Familie, der Chloridkanal aus *Torpedo* ClC-0, scheinbar eine Doppelpore, eine pro Untereinheit, ausprägt, scheinen andere Vertreter pro Dimer nur eine Pore auszubilden. Chloridkanäle sind in eine Vielzahl von physiologischen Funktionen eingebunden. Dazu gehören z. B. die Regulation des Zellvolumens, Stabilisierung des Ruhepotenzials, Signalübertragung, transepithelialer Transport etc. Innerhalb homologer Proteingruppen existieren unterschiedliche funktionelle Eigenschaften, z. B. unterschiedliche Anionenselektivität oder voneinander abweichende Spannungsabhängigkeiten.

Gap-Junction (connexin)-Familie

Gap-Junction-Kanäle bestehen aus einem Bündel von eng gepackten transmembranären Untereinheiten, den sogenannten Connexonen, durch die kleine Moleküle zwischen benachbarten Zellen hindurch diffundieren können. Die Connexone werden durch homo- oder heterohexamere Anordnung der Connexine gebildet. Gesteuert durch Ca^{2+} kann sich das Connexon der einen Zelle mit dem Connexon der benachbarten Zelle verbinden, sodass die Zytoplasmen der beiden Zellen über eine Pore miteinander verbunden sind. Es sind über 15 verschiedene Isoformen der Connexin-Untereinheiten bekannt. Diese variieren in ihrer Größe zwischen 25 und 60 kDa und besitzen vier transmembranäre, α-helicale Domänen. Folglich beinhaltet der dodecamere, aus zwei Hexameren gebildete Kanal insgesamt die beeindruckende Zahl von 48 transmembranären Domänen.

Familie der epithelialen Na^+-Kanäle (ENaC)

Die ENaC-Familie besteht aus mehr als 20 sequenzierten Proteinen und kommt ausschließlich im Tierreich vor. Es gibt spannungsunabhängige ENaC-Homologe im Gehirn, einige sind im Tastsinn involviert. Andere wiederum, die pH-abhängigen Na^+-Kanäle ASIC1-3, spielen eine Rolle beim Schmerzempfinden im Zusammenhang mit Gewebeazidose. Ein weiteres Mitglied der Familie, der durch FMRF-amid aktivierte Na^+-Kanal, war der erste Peptid-aktivierte Ionenkanal, der sequenziert werden konnte. Alle Mitglieder dieser Familie besitzen eine Topologie mit zwei transmembranen Domänen, intrazellulär liegenden Termini und einer großen extrazellulär liegenden Schleife. Es wurden drei homologe ENaC-Untereinheiten identifiziert, die als α-, β- und γ- Untereinheit bezeichnet werden. Die Untereinheiten assemblieren in der Stöchiometrie $\alpha\beta\gamma$ zu einem funktionellen heterotrimeren Kanal.

Familie der Mechanosensitiven Ionenkanäle

Eine weitere Gruppe interessanter Ionenkanäle sind solche, die durch mechanischen Stress aktiviert werden. Bei ihnen werden mechanische Kräfte in elektrische Signale überführt (Delmas und Coste 2013; Ranade et al. 2015). Insbesondere die Applikation von mechanischem Stress mit der Patch-Clamp-Technik oder von osmotischem Stress führen zu einer laufend zunehmenden Zahl von mechanosensitiven oder Stress-aktivierten (SAC) Ionenkanälen (Nilius und Honoré 2012). Eine Klasse von mechanosensitiven Kanälen, die durch die gesamte Evolution hindurch konserviert blieb, wird durch die Piezo-Kanäle gebildet (Bagriantsev et al. 2014). Eine weitere große Klasse von Ionenkanälen, die auf physikalische Reize reagieren, wird durch die „Transient Receptor Potential" (TRP) Kanäle gebildet (Christensen und Corey 2007).

8.2.2 Familie der ATP-aktivierten Ionenkanäle

Im Folgenden werden wir Strategien vorstellen, wie Elektrophysiologie genutzt werden kann, um Erkenntnisse über Struktur-Funktionsbeziehungen von Ionenkanälen zu gewinnen. Als Beispiel werden wir die ATP-aktivierten Ionenkanäle der P2X-Rezeptorfamilie verwenden.

Struktur und Klassifizierung der P2X-Rezeptoren

Die Gruppe der ATP-aktivierten Ionenkanäle wird der Familie der ligandenaktivierten Ionenkanäle zugeordnet und soll im Folgenden etwas detaillierter beschrieben werden. Da die Gemeinsamkeit dieser Kanäle die Aktivierung durch extrazelluläres ATP ist, werden sie auch als „Nukleotidrezeptoren" bezeichnet. Ein anderer, oft benutzter Name ist „P2X-Rezeptoren", früher wurde auch der Begriff „Purinozeptoren" benutzt. Obwohl bereits 1972 (Burnstock 1972) die Hypothese aufgestellt wurde, dass ATP eine Rolle als Neurotransmitter spielen kann, dauerte es doch bis 1994 (Valera et al. 1994; Brake et al. 1994), bis die ersten beiden P2X-Isoformen $P2X_1$ und $P2X_2$ aus dem Samenleiter bzw. aus Pheochromocytomzellen (PC12-Zellen) der Ratte kloniert werden konnten. Als Pheochromocytome werden Tumoren des Nebennierenmarks bezeichnet. Aus Hydropathiedarstellungen konnte man die – mittlerweile allgemein akzeptierte – Sekundärstruktur ableiten: N- und C-Termini sind intrazellulär positioniert, die zwei transmembranen Domänen sind durch eine große extrazellulär liegende Schleife verbunden (s. ◘ Abb. 8.6).

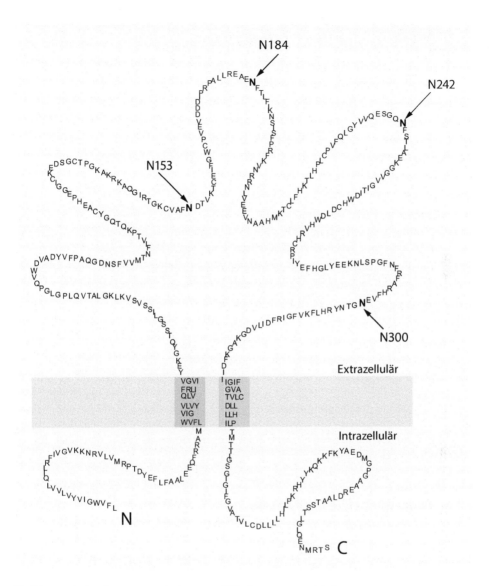

◻ Abb. 8.6 Aminosäuresequenz der humanen P2X$_1$-Rezeptoruntereinheit

Insofern ähnelt die Struktur der Architektur der epithelialen Natriumkanäle, ENaC. Wie auch für viele andere Ionenkanäle üblich, wird der funktionelle Kanal durch die Assemblierung mehrerer Untereinheiten gebildet. 1998 wurde aufgrund proteinchemischer Analysen abgeleitet, dass ein Verbund aus drei Untereinheiten (*trimer*) den funktionellen Kanal bildet (Nicke et al. 1998). Dieser Befund stellt insofern eine Besonderheit dar, da bislang bekannte Kanäle stets aus mindestens vier Untereinheiten aufgebaut sind.

Bislang wurden sieben verschiedene P2X-Isoformen kloniert, wobei diverse Splice-Varianten bekannt sind, die teilweise abweichende pharmakologische und funktionelle Eigenschaften zeigen (Burnstock 1999). Da P2X-Rezeptoren ionotrope Rezeptoren sind (d. h. Ligandenbindungsstelle und Ionenkanal liegen auf dem gleichen Protein), stellt die

◘ **Tabelle 8.1** Vergleich der bekannten P2X-Subtypen

	$P2X_1$	$P2X_2$	$P2X_3$	$P2X_4$	$P2X_5$	$P2X_6$	$P2X_7$
$\alpha\beta$-Methylen-ATP	+	−	+	−	−	−	−
Desensibilisierung	Schnell	Langsam	Schnell	Mittel	Langsam	−	Langsam

Elektrophysiologie die Methode der Wahl zur Aufklärung ihrer funktionellen Eigenschaften dar.

Bevor wir einige elektrophysiologischen Ergebnisse für den $P2X_1$- und $P2X_2$-Rezeptor vorstellen, soll ein kurzer Überblick über die grundlegenden Unterschiede zwischen den einzelnen Rezeptorisoformen gegeben werden. Obwohl ATP an allen Isoformen als Agonist wirkt, ist $\alpha\beta$-Methylen-ATP, ein ATP-Derivat, nur am $P2X_1$- und $P2X_3$-Rezeptor als Agonist wirksam. Ein weiteres Charakteristikum der P2X-Rezeptoren ist die Desensibilisierung, ein Phänomen, das eine Verminderung des Kanalstroms in Anwesenheit des Agonisten bewirkt. Desensibilisierung kann für alle P2X-Subtypen gezeigt werden, jedoch ist die Stärke der Desensibilisierung für die einzelnen Subtypen sehr unterschiedlich ausgeprägt (s. ◘ Tab. 8.1).

Schnelle Desensibilisierung, die innerhalb einer Sekunde zum vollständigen Verschwinden des Stromes führt, wurde für den $P2X_1$- und $P2X_3$-Rezeptor gezeigt. $P2X_4$-Rezeptoren desensibilisieren langsamer und unvollständig. Die Desensibilisierung der anderen Subtypen ist sehr langsam und schwach ausgeprägt, sodass oft von nicht-desensibilisierenden Rezeptoren gesprochen wird. Eine besondere Eigenschaft der $P2X_7$-Rezeptoren ist die Ausformung einer großen Pore mit einem Durchmesser von 3–5 nm infolge einer verlängerten Anwesenheit von ATP. Ein ähnliches Verhalten, d. h. zumindest eine veränderte Ionenselektivität infolge längerer Agonistengabe, wird auch für die anderen Subtypen diskutiert.

8.2.3 Experimentelle Ergebnisse

Im Folgenden werden einige experimentelle Ergebnisse gezeigt werden, die sich mit den funktionellen Eigenschaften von $P2X_1$- und $P2X_2$-Rezeptoren beschäftigen. Obwohl die Analyse von Einzelkanalaktivitäten den tiefsten Einblick in die funktionellen Eigenschaften eines Ionenkanals liefern kann, gestaltet es sich manchmal schwierig, auswertbare Einzelkanalregistrierungen zu realisieren. Wichtig in diesem Zusammenhang sind die Eigenschaften Einzelkanalleitfähigkeit, kinetisches Verhalten und Kanaldichte. Obwohl bereits für alle P2X-Subtypen Einzelkanalereignisse gemessen werden konnten, wurden quantitative Analysen bislang hauptsächlich anhand der Messung makroskopischer Ströme vorgenommen. Gründe dafür liegen in der schnellen Desensibilisierung von $P2X_1$ und $P2X_3$ oder der schnellen Kinetik (*flickering*) der $P2X_2$-Rezeptoren (Ding und Sachs 1999).

◘ Abb. 8.7 zeigt die Originalregistrierung eines durch $P2X_1$-Rezeptoren vermittelten Stroms in einem *outside-out*-Patch einer *Xenopus*-Oozyte. Nur am Ende der Registrierung zeigen sich Stromfluktuationen, die dem Öffnen und Schließen einzelner Kanäle zugeordnet werden können.

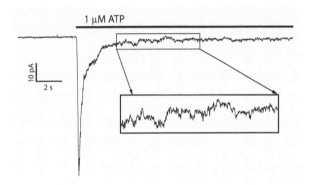

Abb. 8.7 Originalregistrierung eines von P2X$_1$-Rezeptoren vermittelten Einwärtsstroms in einem *outside-out*-Oozytenmembran-Patch. Das Haltepotenzial betrug −60 mV

Die Daten, die im Folgenden präsentiert werden, wurden alle mithilfe der Zwei-Elektroden-Voltage-Clamp-Methode (▶ Abschn. 3.5.1 Zwei-Mikroelektroden-Voltage-Clamp) an *Xenopus*-Oozyten gewonnen (▶ Abschn. 7.1.2). Daher repräsentieren die gezeigten Stromspuren die simultane Aktivität vieler (Millionen) einzelner Kanäle, die sich zu Stromstärken im μA-Bereich aufaddieren. *Xenopus*-Oozyten besitzen keine endogenen Nukleotidrezeptoren und stellen somit ein ideales Werkzeug zur Messung von exogenen Nukleotidrezeptoren nach Injektion der entsprechenden cRNA dar.

Da die P2X$_1$- und P2X$_3$-Rezeptoren innerhalb etwa einer Sekunde bereits vollständig desensibilisiert sind, ist ein schneller Lösungswechsel Grundvoraussetzung für reproduzierbare und aussagekräftige Messungen.

Aufgrund der Größe der Oozyten (Durchmesser etwa 1,2 mm) ist es nicht einfach, einen schnellen und reproduzierbaren Lösungswechsel zu verwirklichen. Trotzdem können Lösungswechsel, die in weniger als 0,5 s abgeschlossen sind (Stromanstieg von 5 bis 95 % in einer Zeit von ca. 150 ms), realisiert werden, wenn man eine sehr kleine Messkammer ($V = 10 \, \mu l$) in Verbindung mit einem hohen Lösungsdurchfluss (200 μl/s) verwendet. Die Geschwindigkeit des Lösungswechsels kann z. B. durch die Aktivierung von exprimierten nikotinischen Azetylcholinrezeptoren quantifiziert werden, wenn man eine submaximale Azetylcholinkonzentration von 30 μM benutzt (■ Abb. 8.8a). Eine alternative Möglichkeit besteht darin, die Stromänderung zu verfolgen, die durch die Änderung der extrazellulären Natriumkonzentration hervorgerufen wird (■ Abb. 8.8b).

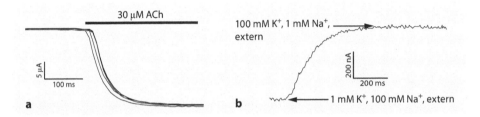

Abb. 8.8 Messung des Zeitverlaufs des Lösungswechsels anhand der Messung nAChR-vermittelter Ströme (**a**) und anhand der Messung der endogenen Na$^+$-Leitfähigkeit nach Änderung der extrazellulären Na$^+$-Konzentration (**b**)

Die gute Reproduzierbarkeit eines solchen optimierten Lösungswechselsystems wird in ◨ Abb. 8.8a offenbar, die die Stromspuren in Reaktion auf sieben aufeinander folgenden Azetylcholingaben zeigt. Die Aktivierung erfolgte dabei in einminütigen Abständen.

Obwohl die Zeitdauer des Lösungswechsels in Anbetracht der Größe der Oozyte kurz und kaum weiter zu optimieren ist, sollte man sich bewusst machen, dass die Ströme während der ersten ca. 300 ms durch den Lösungswechsel selbst geformt werden. Falls Ströme analysiert werden sollen, die im Zeitbereich zwischen 0 und 300 ms liegen, muss zu einem System gewechselt werden, das schnellere Lösungswechsel erlaubt. Dies stellt z. B. die Messung an einem zellfreien Membran-Patch dar (▶ Abschn. 3.6.1 und ▶ Abschn. 3.6.2), was einen Lösungswechsel bis in den Submillisekundenbereich ermöglicht.

P2X$_1$-Rezeptor

Wie schon angesprochen wurde, ist der P2X$_1$-Rezeptor ein schnell desensibilisierender Ionenkanal, der nach Bindung von ATP eine Pore öffnet, die für kleine Kationen permeabel ist. ◨ Abb. 8.9 zeigt den Strom nach Aktivierung durch 1 µM ATP nach der Erstgabe von ATP (linker Peak) und infolge wiederholter ATP-Applikationen in fünfminütigen Intervallen bei einem Haltepotenzial von −60 mV.

Wie in ◨ Abb. 8.9 zu sehen ist, desensibilisieren die Rezeptoren vollständig nach Gabe von ATP. Nach jeweils 5 min in ATP-freier Lösung lässt sich ein Strom aktivieren, der etwa 25 % der Primärantwort nach erster ATP-Gabe beträgt. Die Desensibilisierung ist also nicht nur schnell und vollständig, sondern auch langanhaltend. Tatsächlich sind mehr als 30 min in ATP-freier Lösung notwendig, um die ursprüngliche Maximalantwort wiederherzustellen.

Die Größe des P2X$_1$-Rezeptorstroms ist abhängig von der ATP-Konzentration, wobei eine halbmaximale Aktivierung mit ca. 1 µM ATP ausgelöst werden kann. Die Agonistenkonzentration, die halbmaximale Aktivierung erzeugt, wird oft als EC$_{50}$-Wert bezeichnet. ◨ Abb. 8.10 zeigt ein typisches Experiment zur Bestimmung des EC$_{50}$-Werts durch die Aktivierung mittels ATP-Konzentrationen zwischen 0,03 und 30 µM. Rechts ist die daraus gewonnene Dosiswirkungskurve des P2X$_1$-Rezeptors für ATP gezeigt.

Da der P2X$_1$-Rezeptor nach Wechsel zu ATP-haltiger Lösung sehr schnell aktiviert, ist es interessant, die Stromsignale aus TEVC und Patch-Clamp-Messungen miteinander zu vergleichen. ◨ Abb. 8.11 zeigt eine Stromregistrierung an einer intakten Zelle (TEVC, ◨ Abb. 8.11a) und von einem *outside-out*-Patch (◨ Abb. 8.11b). In beiden Messungen wurden die Kanäle mit 1 µM ATP aktiviert.

Der Vergleich zeigt, dass sowohl Anstieg als auch Abfall des Stroms im Patch-Experiment deutlich schneller erfolgen. Dieser Umstand lässt sich einfach durch den wesentlich schnelleren Lösungswechsel im Patch-Experiment erklären (ca. 2 ms im Vergleich zu

◨ **Abb. 8.9** P2X$_1$-Rezeptorströme, aktiviert durch 1 µM ATP in fünfminütigen Intervallen bei 60 mV

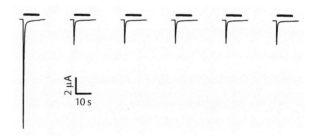

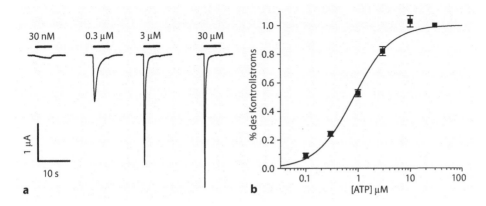

Abb. 8.10 P2X$_1$-Rezeptorströme bei verschiedenen ATP-Konzentrationen (**a**) und die entsprechende ATP-Dosis-Wirkungskurve (**b**; EC50 = 0,6 μM) (s. **Abb. 8.13**)

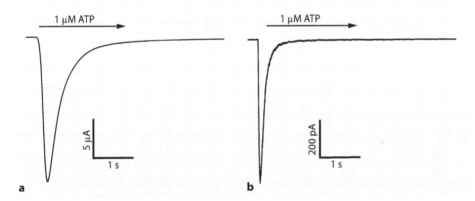

Abb. 8.11 Vergleich von P2X$_1$-Rezeptorströmen im TEVC-Experiment (**a**) und im *outside-out*- Makropatch (**b**) bei einem Haltepotenzial von −60 mV und nach Gabe von 1 μM ATP

ca. 150 ms). Trotzdem ist die Zwei-Elektroden-Methode auch zur Messung relativ schneller Rezeptorströme weitverbreitet, wobei man quantitative, kinetische Aussagen im Hinblick auf den mäßig schnellen Lösungswechsel oftmals infrage stellen müsste.

P2X$_2$-Rezeptor

Als Beispiel für einen nicht-desensibilisierenden Vertreter der P2X-Familie möchten wir hier den P2X$_2$-Rezeptor vorstellen, der wie alle P2X-Rezeptoren eine intrinsische Pore öffnet, wenn ein geeigneter Agonist an ihn bindet. **Abb. 8.12a** zeigt P2X$_2$-Rezeptorströme bei verschiedenen ATP-Konzentrationen und die entsprechende Dosiswirkungskurve (**Abb. 8.12b**) mit einem EC$_{50}$-Wert von ungefähr 30 μM.

Nachdem wir in den letzten Abschnitten Kinetik und ATP-Abhängigkeiten ausgewählter P2X-Rezeptoren vorgestellt haben, schließen wir diesen Abschnitt mit einem weiteren Beispiel für das Zusammenwirken von Molekularbiologie und Elektrophysiologie ab. Die Kombination beider Methoden ermöglicht die Beantwortung von Fragen, die die funktionellen Konsequenzen struktureller Veränderungen des Kanalproteins betreffen.

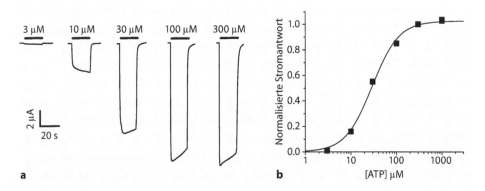

◻ **Abb. 8.12**   P2X$_2$-Rezeptorströme bei verschiedenen ATP-Konzentrationen (**a**) und die entsprechende ATP-Dosis-Wirkungskurve (**b**; EC50 = 29 μM, Haltepotenzial = −60 mV)

Aus der Aminosäuresequenz des P2X$_1$-Rezeptors lässt sich die Existenz von fünf Konsensussequenzen für eine mögliche Glykosylierung ableiten, die alle auf der extrazellulär liegenden Schleife der Rezeptoruntereinheit lokalisiert sind (N1–N5, s. ◻ Abb. 8.6). Eine biochemische Analyse der in Oozyten exprimierten Rezeptoren konnte nachweisen, dass vier der fünf möglichen Glykosylierungsstellen tatsächlich glykosyliert werden. Eine Fragestellung, die mit biochemischen Methoden nicht beantwortet werden kann, ist die nach dem Einfluss des Glykosylierungszustands auf die funktionellen Eigenschaften der Rezeptoren wie z. B. ATP-Empfindlichkeit, kinetische Eigenschaften usw. Daher wurden die in ihren Glykosylierungsstellen mutierten Rezeptoruntereinheiten in *Xenopus*-Oozyten exprimiert und bezüglich ihrer ATP-Empfindlichkeit elektrophysiologisch charakterisiert.

Die elektrophysiologischen Messungen konnten zeigen, dass ein Unterbinden der Glykosylierung an der Stelle N3 zu einer etwa dreifach verminderten Empfindlichkeit für ATP führt. Alle übrigen Glykosylierungsstellen scheinen hingegen keinen Einfluss auf die ATP-Empfindlichkeit zu haben. ◻ Abb. 8.13 gibt eine grafische Repräsentation dieser Ergebnisse.

Zusammengefasst zeigen die Ergebnisse der Kombination aus Molekularbiologie, Biochemie und Elektrophysiologie, dass eine zunehmende Anzahl fehlender Glykosylierungsstellen zu einer Abnahme funktionell detektierbarer Rezeptoren führt (reflektiert durch abnehmende Ströme und die abnehmende Intensität der Banden auf dem SDS-Gel). Ein funktioneller Unterschied wurde jeweils nur für die Konstrukte gefunden, bei denen die dritte Glykosylierungsstelle fehlte. Diese Konstrukte zeigten den Effekt einer verminderten ATP-Sensitivität mit einem EC50-Wert von 2 μM im Vergleich zum Wildtyp-Rezeptor mit einem EC50-Wert von 0,6 μM.

8.3 Virale Ionenkanäle

In diesem Abschnitt wollen wir aufzeigen, wie die Elektrophysiologie mit Virologie und Pharmakologie kombiniert werden kann, um Medikamente gegen virale Infektionen zu entwickeln. Als Beispiel dafür verwenden wir virale Ionenkanäle als einen möglichen Angriffsort für antivirale Medikamente. Eine interessante, vielversprechende Quelle für neue Medikamente sind Komponenten aus Kräutern der traditionellen chinesischen Medizin.

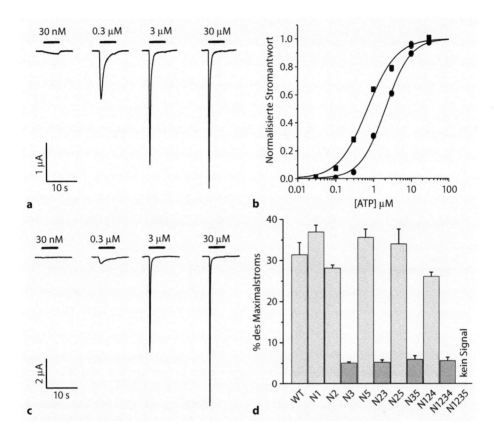

P2X$_1$-Rezeptorströme des Wildtyp-Rezeptors (**a**) und des an der Glykosylierungsstelle N3 mutierten Rezeptors (**c**), jeweils durch verschiedene ATP-Konzentrationen aktiviert. In **b** sind die entsprechenden Dosis-Wirkungskurven gezeigt. Das Balkendiagramm in **d** zeigt einen Vergleich der durch 0,3 μM ATP aktivierten Ströme relativ zum Maximalstrom, der mit 30 μM aktiviert werden kann. Die Abbildung demonstriert, dass alle an der Stelle N3 mutierten Rezeptoren eine verminderte ATP-Empfindlichkeit aufweisen. (Nach Rettinger et al. 2000a, Fig. 4, Copyright (2000) der American Society for Biochemistry and Molecular Biology)

Für die Entdeckung des Artemisinins aus *Artemisia annua* als ein Antimalariamedikament wurde die chinesische Wissenschaftlerin Youyou Tu (s. Tu 2011) 2015 mit dem Nobelpreis ausgezeichnet. In ► Abschn. 8.3.1 werden wir uns mit Substanzen beschäftigen, die ebenfalls aus chinesischen Kräutern extrahiert wurden.

Die Genome einer Reihe von Viren kodieren für Proteine, die in der infizierten Zelle ionenselektive Kanäle bilden können. Solche Ionenkanäle spielen eine zentrale Rolle im Lebenszyklus der Viren und stellen somit einen exponierten Angriffsort für neue antivirale Medikamente dar.

◘ Tab. 8.2 zeigt einige Beispiele für solche Kanäle (s. auch Wang et al. 2011; Krüger und Fischer 2009; Fischer und Sansom 2002). Multi-Homomere der Proteinuntereinheiten bilden die Kanäle.

Der Lebenszyklus eines Virus beinhaltet eine Sequenz von Schritten, wobei jeder einzelne dieser Schritte Angriffsort einer antiviralen Substanz sein kann. ◘ Abb. 8.14 illustriert verschiedene Abschnitte aus dem Lebenszyklus der Coronaviren. Nachdem das Vi-

◘ Tabelle 8.2   Beispiele für Viren und deren virale Ionenkanäle, die durch Multihomomere gebildet werden. Jede Untereinheit beinhaltet ein bis drei transmembrane Segmente (TMS). In Fettdruck hervorgehobene Proteine werden detaillierter behandelt

Virenfamilie	Virus	Ionenkanal	Charakteristische Eigenschaften	Funktionelle Einheit
Coronaviridae	**SARS-CoV**	**3a**	≈ 20 pS monovalente Kationen	Tetramer (3 TMS)
Orthomyxoviridae	**Influenza A** (Schweine-Grippe)	**M2**	< fS Protonen	Tetramer (1 TMS)
	Influenza B	BM2	< fS Protonen	Tetramer (1 TMS)
Picornaviridae	Poliovirus	2B	Nicht-selektiv	Tetramer (2 TMS)
Retroviridae	**HIV-1**	**Vpu**	≈ 20 pS monovalente Kationen	Pentamer (1 TMS)
Flaviviridae	HCV (Hepatitis C)	p7	20–100 pS monovalente Kationen	Hexamer (2 TMS)

rus an die Wirtszelle gebunden ist, wird es von der Zelle inkorporiert. Es folgen das *uncoating* des viralen Genoms und die Replikationsprozesse mit Transkription und Translation; dabei wird unter anderem das virale 3a-Protein gebildet, das als Tetramer in der Zytoplasmamembran der Wirtszelle einen viralen Ionenkanal bildet. Im letzten Schritt werden die neugebildeten Viren exozytotisch freigesetzt. Im Falle der Coronaviren ist für die Freisetzung die Aktivität des 3a-Kanals notwendig. Blockierung einer dieser Schritte könnte ein möglicher, erfolgversprechender Angriffsort für antivirale Substanzen sein.

Im Folgenden wollen wir zeigen, wie die Inhibierung der Funktion von solchen Ionenkanälen mit dem viralen Lebenszyklus interferiert. In ◘ Tab. 8.2 sind die Kanäle, die wir hier behandeln wollen, in Fettdruck hervorgehoben.

8.3.1   3a-Protein von Coronaviren

Für das 3a-Protein von SARS-Coronaviren (s. ◘ Abb. 8.14, ◘ Abb. 8.15b) konnte gezeigt werden (Lu et al. 2006), dass Tetramere den Ionenkanal bilden, der in die Membran der infizierten Zelle eingebaut wird (◘ Abb. 8.15a).

Mithilfe der Patch-Clamp-Technik konnten Einzelkanalleitfähigkeiten von 20–30 pS bestimmt werden (◘ Abb. 8.16). Die Kanäle sind selektiv für monovalente Kationen permeabel mit der höchsten Selektivität für K^+. Wenn die 3a-Kanäle aktiv sind, wird das Membranpotenzial der infizierten Zelle depolarisiert, was zu einer Aktivierung von Ca^{2+}-Kanälen führt. Der damit verbundene Anstieg der intrazellulären Ca^{2+}-Aktivität begünstigt die exozytotische Freisetzung der neugebildeten Viren aus der Wirtszelle (Lu et al. 2006).

Die Voltage-Clamp-Technik ist eine einfache Methode, um die Aktivität viraler Ionenkanäle zu detektieren und deren Funktion zu analysieren. Wir können wieder die *Xenopus-*

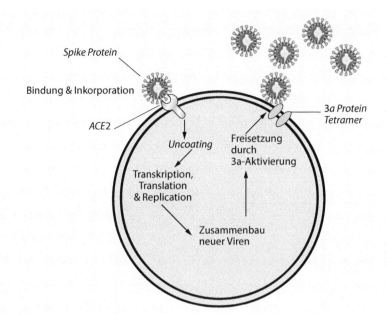

Abb. 8.14 Lebenszyklus des Coronavirus SARS CoV. Der Bindung des viralen Spike-Proteins an den Angiotensine-Converting-Enzyme-2 (ACE2)-Rezeptor der Wirtszelle folgt die Aufnahme des Virus, das *uncoating* und die Transkription sowie Translation des viralen Genoms. Nach dem Zusammenbau der neuen Viren können sie durch Aktivierung der viralen 3a-Kanäle von der Wirtszelle exozytotisch abgegeben werden. (Nach Schwarz et al. 2012, Fig. 1, Copyright (2012) von Begel House)

◪ **Abb. 8.15** **a** Fluoreszenz-markierte (anti-LH21) 3a-Proteine werden an der Oberfläche von SARS-CoV infizierten Vero-E6 Zellen sichtbar. **b** Orientierung des 3a-Monomers in der Zellmembran. (Nach Lu et al. 2006, Copyright National Academy of Sciences, USA)

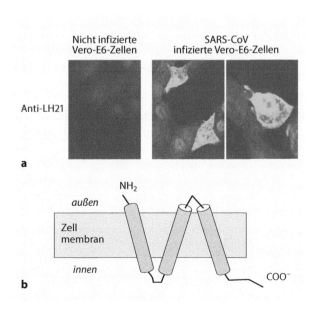

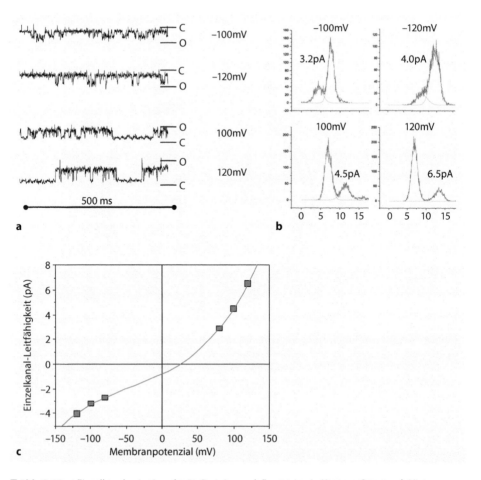

■ **Abb. 8.16**   **a** Einzelkanalereignisse des 3a-Proteins nach Expression in *Xenopus*-Oozyten, **b** Histogramme der Stromamplituden (pA-Werte in den vier Unterabbildungen geben die jeweiligen mittleren Einzelkanal-ströme an), **c** Spannungsabhängigkeit der Einzelkanalströme. (Nach Schwarz et al. 2012, Fig. 3, Copyright 2012 von Begel House)

Oozyte als Modell- und Expressionssystem verwenden (s. ▶ Abschn. 7.1.2), um mögliche antivirale Substanzen in Bezug auf ihre Wechselwirkung mit dem 3a-Protein zu testen. Voraussetzung dafür ist ein Verfahren, mit dem die Komponente des 3a-vermittelten Stroms aus dem Gesamtstrom extrahiert werden kann. Diese Vorgehensweise ist essenziell für die Analyse bestimmter Stromkomponenten. Wir haben auf dieses Vorgehen bereits ausführlich im Zusammenhang mit den Untersuchungen von Hodgkin und Huxley (1952) hingewiesen (▶ Abschn. 6.1). In unserem Fall führt die Injektion von cRNA in die Oozyten zu einer Zunahme des Membranstroms, die durch $10\,mM\ Ba^{2+}$ im extrazellulären Medium blockiert werden kann (■ Abb. 8.17).

Inhibition von 3a-vermitteltem Strom durch das Anthraquinon Emodin

Während der SARS-Epidemie im Jahr 2003 wurden zur Behandlung der Infektion neben dem Einsatz westlicher Medizin auch Extrakte chinesischer Heilkräuter verwendet.

Abb. 8.17 *Offene Dreiecke* geben die Strom-Spannungsabhängigkeit in Oozyten wieder, in denen keine 3a-Proteine exprimiert sind. Die *offenen* und *gefüllten Quadrate* zeigen die Strom-Spannungsabhängigkeiten in Oozyten mit exprimierten 3a-Proteinen in Ab- bzw. Anwesenheit von 10 mM Ba^{2+}. (Nach Lu et al. 2006, Copyright 2006 der National Academy of Sciences, USA)

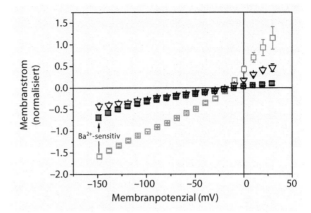

Abb. 8.18 Spannungsabhängigkeit des Ba^{2+}-sensitiven Stroms in Oozyten mit exprimiertem 3a-Protein in Ab- (*offene Kreise*) und Anwesenheit (*gefüllte Kreise*) von 50 μM Emodin, die den 3a-vermittelten Strom vollständig blockieren, aber den endogenen Anteil unbeeinflusst lassen. (Basierend auf Schwarz et al. 2011, Fig. 1 und 2, mit freundlicher Genehmigung von Elsevier AG, 2011)

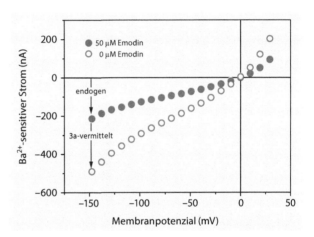

Dazu gehörten auch Extrakte von *Rhei radix* (Rhabarber), und als eine effektive Komponente wurde das Anthraquinon Emodin (1,3,8-Trihydroxy-6-methylanthracen-9,10-dion, ■ Abb. 8.19c) identifiziert (Ho et al. 2007), das auch den Ba^{2+}-sensitiven Strom durch die 3a-Kanäle, aber nicht die endogene Stromkomponente blockiert (■ Abb. 8.18).

Emodin blockiert nicht nur den 3a-vermittelten Strom, sondern mit dem gleichen IC50-Wert von 20 μM auch die Zahl viraler RNA-Kopien im extrazellulären Medium von infizierten Zellen (■ Abb. 8.19a). Die Zahl der RNA-Kopien lässt sich mit dem Titer korrelieren (■ Abb. 8.19b), was darauf hinweist, dass die RNA aus intakten Viren stammt. Damit ist nachgewiesen, dass Emodin als antivirales Medikament wirken kann und sich als Basis für die Entwicklung neuer Medikamente gegen Coronavireninfektionen anbietet.

Inhibition von 3a-vermitteltem Strom durch das Kaempferolglycosid Juglanin

Weitere effektive pflanzliche Mittel findet man unter den Flavonoiden, insbesondere unter den Kaempferolglycosiden. Das Kaempferolglycosid Juglanin inhibiert den 3a-vermittelten Strom (■ Abb. 8.20a); es ist sogar um eine Größenordnung effektiver ($IC_{50} \approx 2$ μM) als das Emodin (s. ■ Abb. 8.19a und ■ Abb. 8.20b).

Abb. 8.19 a Inhibition des 3a-vermittelten Stroms (bei 60 mV) und der extrazellulären Anzahl viraler cRNA-Kopien, sowie **b** der Titerkonzentration durch Emodin (**c**). Nebenbild in **b**: Korrelation der Titerkonzentration mit der Anzahl von cRNA-Kopien. (Basierend auf Schwarz et al. 2011, Fig. 4, mit freundlicher Genehmigung von Elsevier AG 2011)

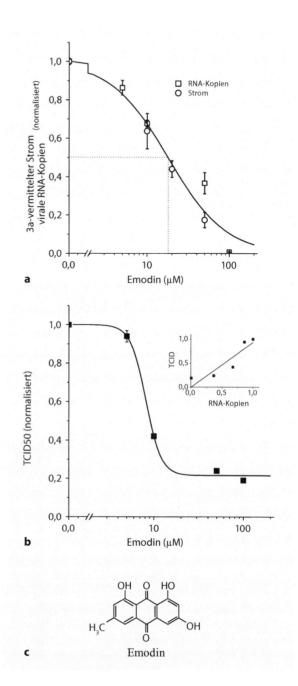

8.3.2 Virale Proteineinheit (Vpu) von HIV-1

Die virale Proteineinheit Vpu (Viral protein unit) des HIV-1-Virus ist ebenfalls ein Membranprotein, besitzt aber nur ein transmembranes Segment, und der Ionenkanal wird durch ein Pentamer gebildet (■ Abb. 8.21a).

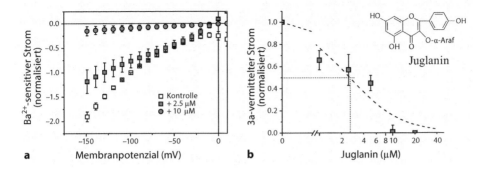

□ **Abb. 8.20** **a** Spannungsabhängigkeit des 3a-vermittelten Stroms in Gegenwart von verschiedenen Konzentrationen des Kaempferolglycosids Juglanin (s. **b**), **b** Abhängigkeit des 3a-vermittelten Stroms bei −60 mV von der Juglaninkonzentration. (Basierend auf Schwarz et al. 2014, Fig. 3, mit freundlicher Genehmigung von Thieme, 2014)

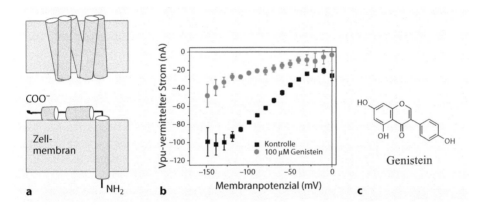

□ **Abb. 8.21** **a** Orientierung des Vpu-Proteins des HIV-1-Virus. Der *untere Teil* zeigt das Monomer in der Membran, der *obere Teil* die Kanalbildung durch Bildung eines Pentamers, **b** Inhibition des Vpu-vermittelten Stroms durch 100 μM des Flavonoids Genistein **c**. (Basierend auf Sauter et al. 2014, Fig. 7, mit freundlicher Genehmigung von Thieme, 2014)

Auch hier ist eine Aktivierung des Kanals für die Virenfreisetzung notwendig (Schubert et al. 1996). Bei der Suche nach Inhibitoren dieses Vpu-Kanals wurde als antivirale Substanz unter anderem das Flavonoid Genistein vorgeschlagen. Der Vpu-vermittelte Strom konnte auch als Ba^{2+}-sensitiver Strom analysiert werden (□ Abb. 8.21b), der teilweise durch Genistein (□ Abb. 8.21c) blockiert werden kann.

8.3.3 Matrixprotein 2 (M2) des Influenza-A-Virus

Das Genom des Influenza-A-Virus (Schweinegrippe-Virus) kodiert ebenfalls für einen Ionenkanal. Wie das Vpu-Protein hat auch das Influenza-A-Matrixprotein M2 nur ein transmembranes Segment; der Kanal wird durch eine tetramere Struktur gebildet (□ Abb. 8.22a) und weist eine geringe Leitfähigkeit für Protonen auf. Mit fallendem pH-Wert nimmt

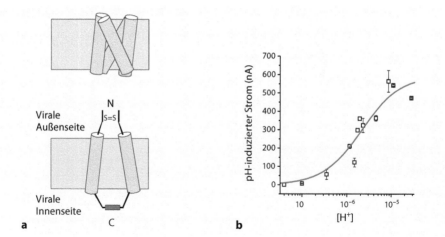

Abb. 8.22 **a** Orientierung des M2-Proteins des Influenza-A-Virus: Der *untere Teil* zeigt zwei Monomere, die über ihre N- und C-Termini miteinander wechselwirken, der *untere Teil* die Kanalbildung durch ein Tetramer, **b** pH-Abhängigkeit des Stroms, der durch das M2-Protein in *Xenopus*-Oozyten vermittelt wird

der M2-vermittelte Strom dramatisch zu (🔳 Abb. 8.22b). Die Aktivität dieses Kanals spielt ebenfalls eine essenzielle Rolle für die Virenreproduktion (s. de Clercq 2006).

Im Gegensatz zum 3a-Protein ist M2 ein integrales Protein des Virons. Es spielt eine Rolle beim *uncoating* (s. 🔳 Abb. 8.14) der Viren, indem Protonen durch den M2-Kanal die Membran des Virons überqueren können. In der Vergangenheit war ein effektiver Inhibitor der M2-Funktion das Amantidin, das als wirksames Medikament bei der Behandlung von Influenza-A-Infektionen Verwendung fand. Mittlerweile sind aber sämtliche Influenza-A-Viren Amantidin-resistent geworden, und weltweit wird intensiv nach Ersatzmedikamenten gesucht.

Inhibition von M2-vermitteltem Strom durch Kaempferoltriglycoside

Es stellt sich die Frage, ob Kaempferolglycoside auch die Grundlage für die Entwicklung neuer Medikamente gegen Influenza-A sein können. Voltage-Clamp-Untersuchungen am M2-Kanal in *Xenopus*-Oozyten ergaben, dass ein Triglycosid effektiv den pH-sensitiven Strom inhibieren kann (🔳 Abb. 8.23).

Zusammenfassend können wir sagen, dass die Aktivität verschiedener viraler Ionenkanäle essenziell für die Virenreproduktion in den infizierten Zellen ist. Eine Inhibierung der Kanalaktivität durch chemische Substanzen wird dem Reproduktionsprozess entgegenwirken und gibt damit dem Körper mehr Zeit, sein eigenes Immunsystem aufzubauen und zu kräftigen. Die Virenkanäle sind somit mögliche Kandidaten als Angriffsort für die Entwicklung neuer Medikamente. Die Voltage-Clamp-Technik ist dabei eine einfache Methode, um chemische Substanzen in ihrer Wirkung zu testen und den Wirkungsmechanismus zu analysieren. Insbesondere die automatisierten Methoden (▶ Kap. 4) können für das Testen einer größeren Zahl von Substanzen hilfreich sein. In diesem Abschnitt über virale Ionenkanäle haben wir an natürlich vorkommenden Substanzen gezeigt, dass Kaempferolderivate und Anthraquinone interessante Kandidaten sein können. Die Kombination von Elektrophysiologie, Molekularbiologie und Pharmakologie bildeten die Grundlage für diese Entwicklung.

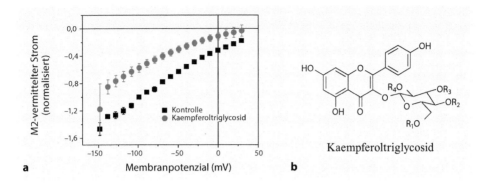

◻ Abb. 8.23 Inhibition des M2-vermittelten Stroms (**a**) durch 20 μM eines Kaempferoltriglycosids (**b**)

8.4 Übungsaufgaben

1. Welches sind die Hauptaufgaben der Na-Pumpe?
2. Welche Bedeutung haben die α-, β- und γ-Untereinheit der Na-Pumpe?
3. Welche physiologische Bedeutung kommt dem P2X-Rezeptor zu?
4. Welche Rolle spielt ein Neurotransmittertransporter für physiologische und pathophysiologische Funktionen?
5. Welche Familien von Ionenkanälen kennen Sie?
6. Beschreiben Sie die Rolle, die virale Ionenkanäle bei der Virusreplikation spielen.
7. Inwiefern kann die Elektrophysiologie bei der Entwicklung antiviraler Medikamente helfen? Nennen Sie Beispiele.

Literatur

Bagriantsev SN, Gracheva EO, Gallagher PG (2014) Piezo proteins: regulators of mechanosensation and other cellular processes. J Biol Chem 289:31673–31681

Brake AJ, Wagenbach MJ, Julius D (1994) New structural motif for ligand-gated ion channels defined by an ionotropic ATP receptor. Nature 371:519–523

Burnstock G (1972) Purinergic nerves. Pharmacol Rev 24:509–581

Burnstock G (1999) Current status of purinergic signalling in the nervous system. Prog Brain Res 120:3–10

De Clercq E (2006) Antiviral agents active against influenza A viruses. Nat Rev Drug Discov 5:1015–1025

Christensen AP, Corey DP (2007) TRP channels in mechanosensation: direct or indirect activation. Nat Rev Neurosc 8:510–521

Delmas P, Coste B (2013) Mechano-gated ion channels in sensory systems. Cell 155:278–284

Ding S, Sachs F (1999) Single channel properties of P2X$_2$ purinoceptors. J Gen Physiol 113:695–720

Fischer WB, Sansom MSP (2002) Viral ion channels: structure and function. Biochim Biophys Acta 1561:27–45

Hille B (2001) Ion channels of excitable membranes, 3. Aufl. Sinauer, Sunderland

Ho TW, Wu SL, Chen JC, Li CC, Hsiang CY (2007) Emodin blocks the SARS coronavirus spike protein and angiotensin-converting enzyme 2 interaction. Antivir Res 74:92–101

Hodgkin AL, Huxley AF (1952) A quantitative description of membrane current and its application to conductance and excitiation in nerve. J Physiol 117:500–544

Krüger J, Fischer WB (2009) Assembly of viral membrane proteins. J Chem Theory Comput 5(2009):2503–2513

Liu Y, Eckstein-Ludwig U, Fei J, Schwarz W (1998) Effect of mutation of glycosylation sites on the Na^+ dependence of steady-state and transient current generated by the neuronal GABA transporter. Biochim Biophys Acta 1415:246–254

Lu W, Zheng BJ, Xu K, Schwarz W, Du LY, Wong CKL, Chen JD, Duan SM, Deubel V, Sun B (2006) Severe acute respiratory syndrome-associated coronavirus 3a protein forms an ion channel and modulates virus release. PNAS 103:12540–12545

Nicke A, Bäumert HG, Rettinger J, Eichele A, Lambrecht G, Mutschler E, Schmalzing G (1998) $P2X_1$ and $P2X_3$ receptors form stable trimers: a novel structural motif of ligand-gated ion channels. Embo J 17:3016–3028

Nilius B, Honoré E (2012) Sensing pressure with ion channels. Trends Neurosci 35:477–486 Ranade SS, Syeda R, Patapoutian A (2015) Mechanically activated ion channels. Neuron 87:1162–1179

Ranade SS, Syeda R, Patapoutian A (2015) Mechanically activated ion channels. Neuron 87:1162–1179

Rettinger J, Aschrafi A, Schmalzing G (2000aa) Roles of individual N-glycans for ATP potency and expression of the rat $P2X_1$ receptor. J Biol Chem 275:33542–33547

Sauter D, Schwarz S, Wang K, Zhang RH, Sun B, Schwarz W (2014) Genistein as antiviral drug against HIV Ion channel. Planta Med 80:682–687

Schubert U, Ferrer-Montiel AV, Oblatt-Montal M, Henklein P, Strebel K, Montal M (1996) Identification of an ion channel activity of the Vpu transmembrane domain and its involvement in the regulation of virus release from HIV-1-infected cells. FEBS Lett 398:12–18

Schwarz W, Vasilets LA (1996) Structure-Function relationships of the Na+/K+-pumps expressed in Xenopus oocytes. Cell Biol Internat 20:67–72

Schwarz S, Wang K, Yu W, Sun B, Schwarz W (2011) Emodin inhibits current through SARS-associated coronavirus 3a protein. Antivir Res 90:64–69

Schwarz S, Sauter D, Lu W, Wang K, Sun B, Efferth T, Schwarz W (2012) Coronaviral ion channels as target for Chinese herbal medicine. Forum Immunopathol Dis Ther 3:1–13

Schwarz S, Sauter D, Wang K, Zhang RH, Sun B, Karioti A, Bilia AR, Efferth T, Schwarz W (2014) Kaempferol derivatives as antiviral drugs against 3a channel protein of coronavirus. Planta Med 80:177–182

Tu YY (2011) The discovery of artemisinin (qinghaosu) and gifts from Chinese medicine. Nat Med 17:1217–1220

Valera S, Hussy N, Evans RJ, Adami N, North RA, Surprenant A, Buell G (1994) A new class of ligand-gated ion channel defined by P2X receptor for extracellular ATP. Nature 371:516–519

Vasilets LA, Schwarz W (1993) Structure-function relationships of cation binding in the Na^+/K^+-ATPase. Biochim Biophys Acta 1154:201–222

Wang K, Xie S, Sun B (2011) Viral proteins function as ion channels. Biochim Biophys Acta 1808:510–515

Wu CH, Vasilets LA, Takeda K, Kawamura M, Schwarz W (2003) Functional role of the N-terminus of the Na^+,K^+-ATPase α-subunit as an inactivation gate of palytoxin-induced pump channel. Biochim Biophys Acta 1609:55–62

Anhang

© Springer-Verlag GmbH Deutschland, ein Teil von Springer Nature 2018
J. Rettinger, S. Schwarz, W. Schwarz, *Elektrophysiologie*, https://doi.org/10.1007/978-3-662-56662-6_9

9.1 Graphentheorie

Dieses Kapitel stellt grundlegende Prinzipien der Graphentheorie (Kirchhoff 1847; King und Altman 1956; Hill 1977) in Hinblick auf ihre Anwendung auf Reaktionsdiagramme zusammen. Wir wollen die grundlegenden Begriffe, die in der Graphentheorie benutzt werden, für das einfache Beispiel aus ◻ Abb. 5.2 illustrieren, das die *Single-File*-Bewegung von Ionen in einer Zwei-Platz/Ein-Ionen-Pore darstellt (◻ Abb. 9.1). In einem ersten Schritt wird das Reaktionsdiagramm (◻ Abb. 9.1a) durch ein Graphendiagramm (◻ Abb. 9.1b) ersetzt, das durch die Knoten 0 bis 2 und die verbindenden Äste beschrieben wird. Ein gerichteter Ast, z. B. von 0 nach 1, repräsentiert den entsprechenden Ratenkoeffizienten, hier k_{01}. Ein auf einen Knoten gerichteter Baum ist eine Kombination von gerichteten Ästen, die alle auf den betrachteten Knoten zuführen, ohne dass dabei ein Zyklus zustande kommt. Bei einem maximalen gerichteten Baum sind alle Knoten eingebunden. ◻ Abb. 9.1c zeigt alle maximalen, auf den Knoten 0 gerichteten Bäume.

Die Graphentheorie gibt nun an, dass die Wahrscheinlichkeit P jedes Zustands, der durch einen Knoten repräsentiert ist, durch die Summe aller maximalen, auf diesen Knoten gerichteten Bäume beschrieben werden kann, wobei der gerichtete Baum durch das Produkt der zugehörigen Ratenkonstanten ersetzt wird. Für das Beispiel in ◻ Abb. 9.1 sind die Wahrscheinlichkeiten P_i gegeben durch

$$P_0^* = k_{10}k_{21} + k_{10}k_{20} + k_{20}k_{12} \qquad P_1^* = k_{01}k_{21} + k_{01}k_{20} + k_{21}k_{02}$$

$$P_0 = \frac{P_0^*}{\sum P_i^*} \qquad\qquad\qquad P_1 = \frac{P_1^*}{\sum P_i^*}$$

$$P_2^* = k_{02}k_{12} + k_{02}k_{10} + k_{01}k_{12}$$

$$P_2 = \frac{P_2^*}{\sum P_i^*}.$$

Die unidirektionalen Flüsse über die Membran können jetzt mithilfe der Ratenkonstanten dargestellt werden:

$$\Phi_{12} = k_{12}P_1 \qquad \Phi_{21} = k_{21}P_2,$$

und der Nettofluss wäre

$$\Phi = k_{12}P_1 - k_{21}P_2.$$

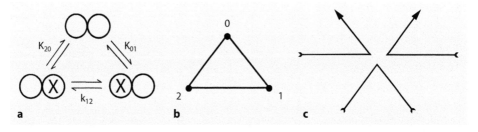

◻ **Abb. 9.1** Grundlage der Graphentheorie am Beispiel des einfachen Reaktionsdiagramms aus ◻ Abb. 5.2b. **a** Reaktionsdiagramm, **b** Graphendiagramm mit Knoten, **c** alle Verzweigungen, die im Knoten 0 enden

Normalerweise sind Reaktionsdiagramme wesentlich komplexer. Zur einfacheren Behandlung wurde für die Ermittlung der gerichteten Bäume ein Algorithmus entwickelt (Heckmann et al. 1969), und es wurden Prozeduren zur Vereinfachung der Reaktionsdiagramme geschaffen. Zwei nützliche Regeln, die auf Stein (1976) zurückgehen, sollen erläutert werden:

Regel 1: Wenn alle Äste zwischen den Knoten A_0 und A_n unidirektional von A_0 nach A_n führen, kann der Fluss von A_0 nach A_n durch eine einzige Ratenkonstante k^* beschrieben werden. Diese Ratenkonstante k^* setzt sich aus allen Ratenkonstanten zusammen, die vom Knoten $A_{i=0}$ zum Knoten $A_{i=n-1}$ führen (d. h. aus den Raten von $k_{i,j=0}$ bis $k_{i,j=mi}$), aber nicht aus den Raten, die vom
Endknoten $A_{i=n}$ ausgehen:

$$
\begin{array}{ccccccc}
\uparrow k_{1,j} & \uparrow k_{2,j} & & \uparrow k_{i+1,j} & & \uparrow k_{n+1,j} & \\
\xrightarrow{k_{0,0}} A_0 \xrightarrow{k_{1,0}} A_1 \xrightarrow{k_{2,0}} \dots \xrightarrow{k_{i,0}} A_i \xrightarrow{k_{i+1,0}} \dots \xrightarrow{k_{n,0}} A_n \xrightarrow{k_{n+1,0}}
\end{array}
$$

$$
A_0 \xrightarrow{k^*} A_n
$$

mit

$$
k^* = \frac{\prod_{i=0}^{n} k_{i,0}}{\prod_{i=0}^{n-1}\left(\sum_{j=0}^{m_i} k_{i,j}\right)},
$$

wobei der Zähler das Produkt aus allen Ratenkonstanten $k_{i,0}$ ist, die von A_0 nach A_n führen, und der Nenner das Produkt aller Terme ist, die sich für die Knoten A_0 bis A_{n-1} als Summe der Raten darstellen, die aus A_i herausführen.

Regel 2: Wenn einer der Zweige zwischen A_0 und A_n bidirektional ist, können die beiden Ratenkonstanten durch eine Ratenkonstante k^* ersetzt werden:

$$
\begin{array}{cc}
\uparrow k_{1,j} & \uparrow k_{2,j} \\
\xrightarrow{k_{0,0}} A_0 < \genfrac{}{}{0pt}{}{k_{1,0}}{k_{-1,0}} > A_1 \xrightarrow{k_{2,0}}
\end{array}
$$

$$
\begin{array}{cc}
\uparrow k_{1,j} & \uparrow k_{2,j} \\
\xrightarrow{k_{0,0}} A_0 \xrightarrow{k^*} A_1 \xrightarrow{k_{2,0}}
\end{array}
$$

mit

$$
k^* = \frac{k_{1,0} \sum k_{2,j}}{k_{-1,0} + \sum k_{2,j}}.
$$

Diese Regeln können auf jedes Reaktionsdiagramm angewendet werden, nicht nur auf Single-File-Bewegungen, sondern auch auf Reaktionsdiagramme, die *Gating*-Mechanismen bei Ionenkanälen oder Konformationsänderungen bei Carrier-Systemen beschreiben (s. ▶ Abschn. 7.1.1), sowie auf chemische Reaktionen.

9.2 Einfluss externer elektrischer und magnetischer Felder auf physiologische Funktionen

Wir haben gesehen, dass in einem lebenden Organismus elektrische Stromflüsse über und entlang von Zellmembranen fließen. Besonders offensichtlich war dies für ein Aktionspotenzial, das sich entlang einer Nervenzelle ausbreitete (s. ◘ Abb. 6.20). Ein anderes Beispiel für Ströme, die entlang einer Zellmembran fließen und die eindrucksvoll extrazellulär nachgewiesen werden können, ist die Oozyte des Krallenfroschs *Xenopus*. Mithilfe einer Elektrode, die über ein piezogetriebenes Element in Vibrationsschwingungen versetzt wird, lassen sich Ströme an der Zelloberfläche detektieren (Jaffe und Nuccitelli 1974; Robinson 1979). In Abhängigkeit von der Orientierung der Oozyte gegenüber der senkrecht zur Oberfläche schwingenden Elektrode (◘ Abb. 9.2b, ◘ Abb. 9.2c) können Stromsignale unterschiedlicher Amplitude gemessen werden (◘ Abb. 9.2a). Während am Äquator das Signal fast verschwindet, ist es am Pol am größten, was vermuten lässt, dass Ströme zwischen den beiden Polen fließen. In diesem Zusammenhang möchten wir auch noch einmal auf ► Abschn. 3.3.4 verweisen.

Generell gilt, dass Stromänderungen elektromagnetische Signale zur Folge haben. Wir haben bereits in ► Abschn. 3.1 darauf hingewiesen, dass elektrische Signale, die innerhalb des Körpers ablaufen, an der Körperoberfläche nur dann detektiert werden, wenn ein sehr guter elektrischer Kontakt der Elektroden mit der Oberfläche gewährleistet ist. Die Analyse solcher Signale kann wertvolle, detaillierte Informationen über physiologische Funktionen eines Organs im Körper liefern (s. ◘ Tab. 3.1). Als Beispiel hatten wir das Elektrokardiogramm diskutiert (s. ► Abschn. 3.2). Natürlich können auch magnetische Signale außerhalb des Körpers detektiert werden, aber dafür sind hochempfindliche Detektoren wie das SQUID (Superconductance Quantum Interference Device) notwendig.

Wir haben auch schon kurz darauf hingewiesen, dass physiologische Funktionen über externe Elektroden moduliert werden können (s. ◘ Tab. 3.1), aber auch hier muss, wie bei einer Elektrotherapie, ein guter Kontakt mit der Körperoberfläche hergestellt werden. Wir kommen auf diesen Punkt noch einmal in ► Abschn. 9.2.2 zurück.

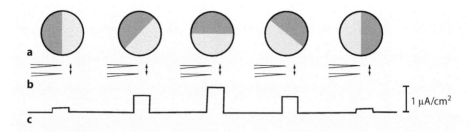

◘ **Abb. 9.2** Messung extrazellulärer Ströme, die senkrecht zur Oozytenoberfläche fließen, **a** mit einer vibrierenden Mikroelektrode, **b** bei verschiedener Orientierung der Oozyte mit ihrer pigmentierten animalen und unpigmentierten vegetativen Hemisphäre **c**. (S. auch Robinson 1979)

Tabelle 9.1 Magnetische Flussdichten		
Ursprung	**Flussdichte**	
Hirnaktivitäten	pT–fT	Als Ursache elektrischer Hirnaktivitäten/mit SQUID messbar
Magnetisches Feld an der Erdoberfläche	$\approx 40\,\mu T$	Detektierbar mit Kompass, von Magnetobakterien und möglicherweise von manchen Tieren
Konventioneller Magnet	mT	Haushaltsmagnet
Magnet für Bildgebung	T	Erst derartig hohe Flussdichten können möglicherweise von biologischer Relevanz sein

9.2.1 Magnetostatische Felder

Obwohl unser Thema die **Elektro**physiologie ist, möchten wir trotzdem ganz kurz auf die Frage eingehen, inwiefern magnetische Felder zelluläre Prozesse beeinflussen können. Dafür wollen wir zunächst die Flussdichten von magnetischen Feldern betrachten, die von physiologischer Relevanz sein könnten (s. ▣ Tab. 9.1).

Zunächst stellt sich die Frage, in welchem Ausmaß Tiere überhaupt externe magnetische Felder wahrnehmen können. So konnte bereits gezeigt werden, dass bestimmte Tiere (z. B. manche spezialisierte Vögel, Fische und Schildkröten) Komponenten des magnetischen Feldes nahe der Erdoberfläche im μT-Bereich offenbar zur Orientierungshilfe nutzen können. Die zugrunde liegenden Mechanismen sind dabei aber noch ungeklärt. Bis heute gibt es keine Anzeichen, dass biochemische oder physiologische Mechanismen durch Flussdichte im μT-Bereiche beeinflusst werden können. Radikalpaarmechanismen kommen zwar erst im mT-Bereich zum Tragen, aber die Lebensdauer von Radikalpaaren kann durch Felder im μT-Bereich moduliert werden (s. Maeda et al. 2008). Damit könnte die Natur einen raffinierten Mechanismus bereitgestellt haben, um biologisch Änderungen magnetischer Felder wahrnehmen zu können. Die Existenz biologischer Magnetite konnte zwar nachgewiesen werden, aber eine funktionelle Signifikanz konnte bisher nur in Magnetobakterien gefunden werden (s. z. B. Schüler 2008).

Magnete von 100 mT werden gelegentlich für medizinisch therapeutische Zwecke angeboten, aber nicht einmal Flussdichten von 1 T sind in der Lage, um z. B. Ionenbewegungen zu beeinflussen. Das ist auch ein wichtiges Argument, dass Magnetresonanztomografie ohne Schädigung für den menschlichen Körper ist (s. ICNIRP 1998, 2010, 2014). Um Flüssigkeitsbewegungen zu beeinflussen sind sogar Flussdichten von mehr als 10 T notwendig.

9.2.2 Elektrostatische Felder

Die hochentwickelten elektrophysiologischen Methoden, insbesondere die Voltage-Clamp-Technik, ermöglichen detaillierte Untersuchungen über Struktur, Funktion und Regulation von Membranproteinen, die entscheidend die Funktion einer Zelle bestimmen, indem elektrische Signale analysiert werden (s. z. B. ▶ Kap. 8). Wir haben auch gesehen, dass Organe durch Einwirkung elektrischer Felder über die Modulation der Funktion von Membranproteinen beeinflusst werden können (wie z. B. bei der Elek-

◻ Tabelle 9.2 Statische elektrische Felder

Ursprung	Intensität
Feld an der Erdoberfläche (E_{Erde})	100 V/m
Während eines Gewitters	20 kV/m
Während eines Blitzes	1 MV/M
Membranpotenzial (50 mV)	10 MV/m
Extrazelluläre Felder (in 20–30 µM Abstand)	10 V/m
Auslösung eines Aktionspotenzials (0,1 A/m²)	≈ 0,5 V/m
Wundpotenziale	100 V/m-Bereich
Galvanotaxis	≈ 100 V/m

troschocktherapie oder künstlichen Herzschrittmachern (s. ◻ Tab. 3.1)). Bereits in der römischen Kaiserzeit wurden elektrische Felder zur Schmerzbehandlung benutzt, indem die Entladungen des elektrischen Organs von *Torpedo* auf die Körperoberfläche übertragen wurden (s. ▸ Abschn. 1.2). Wir möchten noch einmal betonen, dass ein direkter Kontakt der Elektroden oder des elektrischen Organs mit der Körperoberfläche notwendig ist, um das elektrische Signal in den Körper zu leiten.

In der jüngeren Zeit wird in der Öffentlichkeit gerne und enthusiastisch diskutiert, ob die elektrischen Felder, die in unserer Umwelt existieren, Körperfunktionen beeinflussen können, wofür dann häufig der Begriff „Elektrosmog" benutzt wird. Obwohl die Nutzung externer elektrischer Felder sehr erfolgreich Eingang in die medizinische Anwendung gefunden hat und aus der modernen Medizin nicht mehr wegzudenken ist, sind auch recht unrealistische Ideen im Umlauf. Wir möchten daher zu dieser Thematik wenigstens einige klärende Kommentare abgeben.

◻ Tab. 9.2 stellt einige typische Werte elektrischer Felder zusammen. Der Erde kann als kugelförmiger Kondensator betrachtet werden, der negativ geladen ist und an der Oberfläche eine elektrische Feldstärke E_{Erde} von ungefähr 100 V/m aufweist. Während eines Gewitters kann die Feldstärke Werte von bis zu 20 kV/m erreichen, während eines Blitzes sogar 1 MV/m.

Wenn die 100 V/m des E_{Erde} direkt auf das Gewebe im Körper einwirken könnten (s. ◻ Abb. 9.3), würde an einer Zelle mit dem Durchmesser von 100 µm ein Potenzialabfall von 10 mV entstehen und an einer Zellmembran mit einer Dicke von 5 nm ein Abfall von 5 mV. Entsprechend hätte man in der Membran ein elektrisches Feld von 1 MV/m.

Die Potenzialdifferenz an der Membran einer tierischen Zelle beträgt mehrere zehn Millivolt. Bei einem Ruhepotenzial einer erregbaren Zelle von 50 mV und einer Membrandicke von 5 nm würde das elektrische Feld in der Membran $E_{Membran}$ 10 MV/m betragen (◻ Tab. 9.2).

Feldänderungen von physiologischer Relevanz sollten somit im Bereich von MV/m liegen. Unter diesem Gesichtspunkt könnten elektrostatische Felder von 100 V/m an einer Zelle von physiologischer Relevanz sein. Um ein Aktionspotenzial auszulösen, ist eine Stromdichte von ca. 0,1 A/m² notwendig, und während eines Aktionspotenzials steigt die Stromdichte auf ca. 1 A/m² an. Unter der Annahme einer spezifischen Leitfähigkeit ei-

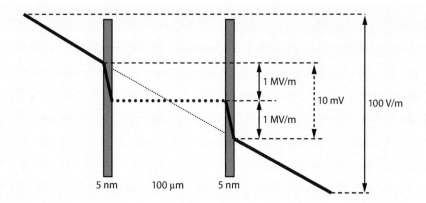

Abb. 9.3 Potenzialgefälle in einem elektrostatischen Feld von 100 V/m an einer Zelle von 100 μm Durchmesser und einer Zellmembrandicke von 5 nm

Tabelle 9.3 Typische Werte spezifischer Leitfähigkeiten. (S. auch Tab. 2.2)

	Spezifische Leitfähigkeit
Luft	$\approx 5 \cdot 10^{-15}$ S/m
Lipiddoppelschicht	10^{-13} S/m
Gewebe	0,3 S/m
Extrazelluläre Lösung	1 S/m
Seewasser	1 S/m
Zellmembrane	10^3–10^{-2} S/m²

ner erregbaren Membran von 0,5 S/m (s. Tab. 9.3) würde eine Stromdichte von 1 A/m² einem elektrischen Feld von 2 V/m entsprechen.

Sehr vereinfacht können wir unseren Körper als einen Elektrolytcontainer betrachten (s. auch ▶ Abschn. 3.2); das bedeutet aber, dass statische elektrische Felder kaum in den Körper eindringen können. Lässt man ein elektrisches Feld E_{ext} auf eine Kugel mit einer spezifischen Leitfähigkeit g einwirken, wird ein transientes, internes Feld E_{int} erzeugt:

$$E_{int} = \frac{3\varepsilon_{ext}}{2\varepsilon_{out} + \varepsilon_{in}} \cdot E_{out} \cdot e^{-t/\tau}.$$

Dabei sind die Dielektrizitätskonstanten des extra- bzw. intrazellulären Mediums und die Zeitkonstante $\tau = \varepsilon_{int}\varepsilon_0/g$. Typische Werte für sind $\varepsilon_{ext} = 1$ (für Luft), $\varepsilon_{int} = 100$ (für Gewebe) und $g = 0,3$ S/m (Tab. 9.3). Mit diesen Zahlen ergibt sich für die Zeitkonstante ein Wert von $\tau \approx 3 \cdot 10^{-9}$ s. Aufgrund dieser schnellen Zeitkonstanten können elektromagnetische Felder nur im hohen Frequenzbereich (GHz) in den Körper signifikant eindringen (s. ▶ Abschn. 9.2.3 weiter unten).

Elektrische Felder im Bereich von 10 kV/m, (z. B. während eines Gewitters) könnten zwar in der Haut empfunden werden, aber sicherlich nicht innerhalb des leitenden „Elektrolytcontainers". Anders ist die Situation allerdings in einer leitenden Umgebung wie z. B.

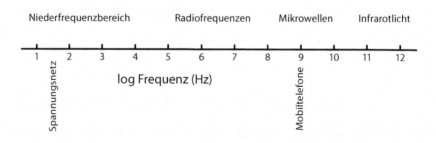

◻ Abb. 9.4   Spektrum elektromagnetischer Wellen, die im technischen Bereich Anwendung finden

im Seewasser (s. Leitfähigkeiten in ◻ Tab. 9.3). So gibt es Seewassertiere, die ein Rezeptorsystem entwickelt haben (Lorenzini-Ampullen, s. z. B. Fields 2007), das den Tieren die Empfindung von Feldern bis herunter in den μV/m-Bereich ermöglicht (Murray 1962).

9.2.3   Elektromagnetische Felder

Elektromagnetische Felder, insbesondere im Hochfrequenzbereich (s. ◻ Abb. 9.4), können in den Körper eindringen. Es stellt sich daher die Frage, inwiefern die Energie vom Gewebe absorbiert werden kann und ob die uns umgebenden elektrischen Felder die menschliche Gesundheit schädigen und somit als Elektrosmog bezeichnet werden können.

Niederfrequente elektrische Felder (50 Hz) Aufgrund der sehr hohen Leitfähigkeit des Gewebes gegenüber der Luft (s. ◻ Tab. 9.3) und der schnellen Zeitkonstanten τ (s. ▶ Abschn. 9.2.2) werden niederfrequente Felder (wie die Netzversorgung von 50 Hz) im Gewebe wesentlich niedriger sein als das externe Feld.

Unter Hochspannungsleitungen können in vertikaler Richtung elektrische Felder von 10 kV/m existieren. In einem Menschen, der mit seinen Füßen auf dem Boden geerdet ist, können vom Kopf zu den Füßen zunehmend an seiner Oberfläche Stromdichten von 0,6 bis 20 mA/m^2 entstehen (s. Vistnes 2001). Wir hatten oben schon angesprochen, dass zur Auslösung eines Aktionspotenzials Stromdichten von mindestens 100 mA/m^2 notwendig sind; die Wahrnehmung der externen Hochspannungsfelder ist somit höchstens an der Hautoberfläche lokalisiert denkbar.

Hochfrequente elektrische Felder (kHz–GHz) Einer anderen Situation stehen wir im Hochfrequenzbereich gegenüber (s. obige Bemerkungen zur Zeitkonstanten τ); hier können zelluläre Effekte nicht grundsätzlich ausgeschlossen werden. Da verschiedene Gewebe ganz unterschiedlich zur Absorption elektromagnetischer Energie beitragen, sind Feldeffekte auf zellulärer Ebene schwer abzuschätzen. Daher wurden Simulationsmodelle und Analyseverfahren entwickelt, mit denen obere Grenzwerte für Effekte auf den menschlichen Körper erarbeitet wurden. Diese Methoden haben ergeben, dass die Grenzwerte weit über den Werten liegen, die in unserer Umgebung nachweisbar sind (ICNIRP 1998, 2010, 2014).

Schlussfolgerung Elektrische wie magnetische Felder spielen eine wichtige Rolle bei der Untersuchung zur Funktion von Zellen, Organen und dem gesamten Körper; zudem fin den sie Anwendung in der medizinischen Diagnose und Therapie. Andererseits können elektrische und magnetische Felder aus der Umgebung kaum physiologische oder biochemische Funktionen beeinflussen. Wie wir oben erläutert haben, können magnetische Feldkomponenten gänzlich vernachlässigt werden, erst im T-Bereich können sie von Bedeutung sein. Wenn Elektroden nicht in direktem Kontakt mit dem Gewebe stehen, können nur hochfrequente elektromagnetische Felder in den Körper eindringen. Es wurden aber starke regulatorische Vorschriften für Grenzwerte entwickelt, um Körperschädigungen zu unterbinden.

9.3 Beispiel für einen elektrophysiologischen Laborversuch: der Zwei-Elektroden-Voltage-Clamp (TEVC)

Dieser Abschnitt des Anhangs gibt eine Anleitung für einen Laborkurs in Elektrophysiologie, bei dem der TEVC an *Xenopus*-Oozyten zum Einsatz kommt (◘ Abb. 9.5). Diese Anleitung basiert auf einer Praktikumsanleitung, die von Anna Bierwirtz und Wolfgang Schwarz (2014) für Elektrophysiologiekurse erstellt wurde, die an der Goethe-Universität in Frankfurt und der Fudan-Universität in Schanghai angeboten werden (siehe http://www.biophysik.org/~wille/prakt/anleitungen/03_elektrophys.pdf).

Zunächst wollen wir ganz kurz einige der Themen ansprechen, die im Buch bereits ausführlich diskutiert wurden. Das Ziel dieses Kurses besteht darin, die verschiedenen Schritte zu erlernen, die für die Durchführung und Auswertung eines typischen Voltage-Clamp-Experiments notwendig sind. Dabei kommen als Beispiel das *Turbo TEC* Voltage-Clamp-System und die *CellWorks*-Software von NPI electronic zum Einsatz (Tamm, Baden-Württemberg, für Einzelheiten s. www.npielectronic.com). Ein wichtiger Bestandteil des Kurses ist das Verständnis für den experimentellen Ablauf eines typischen Experiments; dazu gehört die Separation der verschiedenen Stromkomponenten sowie die Überprüfung, dass die gewählte Vorgehensweise durch Blockierung von Stromkomponenten gerechtfertigt ist. Die Gültigkeit der Stromkomponentenextraktion und anschließenden Analyse spezifischer Ionentransportwege ist eine grundlegende Prozedur in der Elektrophysiologie. Die Arbeiten von Hodgkin und Huxley (1952) (s. auch ▶ Abschn. 6.1) sind ein ausgezeichnetes Beispiel für die Vorgehensweise.

9.3.1 Motivation

Die Funktion einer Zelle wird erheblich durch spezifische Membranproteine bestimmt, die geregelten Stofftransport über die Zellmembran ermöglichen. Um Details über funktionelle Charakteristika und die Regulation der Membranproteine zu erfahren, haben sich elektrophysiologische Techniken als sehr nützliche Hilfsmittel erwiesen. Insbesondere die Kombination von Elektrophysiologie mit Molekularbiologie und Biochemie ermöglicht es, grundlegende Informationen über die Struktur, Funktion und Regulation von ladungstransportierenden Proteinen zu gewinnen (s. ▶ Kap. 8). Diese kann z. B. durch Expression von genetisch modifizierten Proteinen in *Xenopus*-Oozyten und anschießende funktionelle Charakterisierung mit elektrophysiologischen Methoden erfolgen. Der Einfachheit halber wird sich dieser Laborkurs auf nicht-injizierte Oozyten beschränken, was zur Erreichung der oben genannten Ziele ausreichend ist.

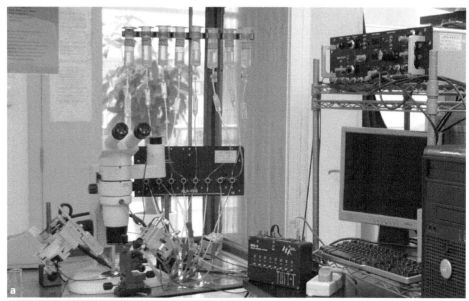

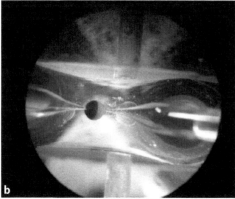

◘ Abb. 9.5   a Geräteaufbau einer Zwei-Elektroden-Voltage-Clamp-Apparatur (auf Grundlage des Turbo TEC Systems von NPI electronics (www.npielectronic.com)), **b** Oozyte in einer Voltage-Clamp-Perfusionskammer mit zwei eingestochenen Elektroden

9.3.2 Hintergrundwissen

Elektrische Charakteristika biologischer Membranen

Das Membranpotenzial Die meisten elektrischen Phänomene, die an einer Zellmembran ablaufen, basieren auf der asymmetrischen Ionenverteilung zwischen Zytoplasma und extrazellulärem Raum (s. ◘ Tab. 2.3) und ionenselektiven Membranleitfähigkeiten (s. ► Abschn. 5.1.1). Der elektrochemische Gradient über die Zellmembran führt zu einer elektrischen Potenzialdifferenz, dem sogenannten Membranpotenzial, das mithilfe von Elektroden zwischen dem intra- und extrazellulären Raum gemessen werden kann. Um ein solches Potenzial theoretisch zu beschreiben, sind verschiedene Ansätze möglich.

1. Unter der Annahme, dass die Membran für alle Ionen gleich permeabel ist, ausgenommen für eine einzige, nicht permeierende Ionensorte, lässt sich das Membranpotenzial durch die Donnan-Gleichung (s. ▶ Abschn. 2.3.1) beschreiben. So können z. B. Moleküle wie die anionischen Proteine oder Nukleinsäuren die Membran nicht passieren. Für eine tierische Zelle stimmt das berechnete Donnan-Potenzial allerdings nicht mit dem tatsächlichen Membranpotenzial überein (s. ◘ Tab. 2.4).
2. Eine andere Vorgehensweise muss daher zur Beschreibung des Membranpotenzials gewählt werden. Ist die Membran für alle Ionen impermeabel, ausgenommen für eine einzige Ionensorte, dann lässt sich das Membranpotenzial durch die Nernst-Gleichung beschreiben (s. ▶ Abschn. 2.3.2):

$$\Delta E = \frac{RT}{zF} \cdot \ln\left(\frac{a_{\text{ext}}}{a_{\text{int}}}\right), \tag{9.1}$$

wobei R die allgemeine Gaskonstante, T die absolute Temperatur, z die Valenz des Ions, F die Faraday-Konstante und a die Ionenaktivitäten inner- und außerhalb der Zelle sind.

3. Für eine biologische Zelle lässt sich das Ruhemembranpotenzial weder durch das Donnan- noch das Nernst-Potenzial beschreiben (s. ◘ Abb. 2.4), da die Membran für die verschiedenen Ionen unterschiedliche spezifische Permeabilitäten aufweist. Hinzu kommt, dass diese Permeabilitäten von den besonderen Umgebungsbedingungen abhängig sind. Häufig wird deshalb die Goldman-Hodgkin-Katz(GHK)-Gleichung benutzt, um die Abhängigkeit des Membranpotenzials von den verschiedenen Ionenpermeabilitäten zu beschreiben. Mit Na^+, K^+ und Cl^- als permeable Ionen lautet die GHK-Gleichung für das Membranpotenzial E_{GHK} (s. ▶ Abschn. 2.4)

$$E_{\text{GHK}} = \frac{RT}{F} \cdot \ln\left(\frac{P_{\text{Na}}\left[Na^+\right]_{\text{ext}} + P_{\text{K}}\left[K^+\right]_{\text{ext}} + P_{\text{Cl}}\left[Cl^-\right]_{\text{int}}}{P_{\text{Na}}\left[Na^+\right]_{\text{int}} + P_{\text{K}}\left[K^+\right]_{\text{int}} + P_{\text{Cl}}\left[Cl^-\right]_{\text{ext}}}\right), \tag{9.2}$$

wobei die Ps für die ionenspezifischen Permeabilitäten stehen.

Um (9.2) herzuleiten, müssen allerdings drei Annahmen gemacht werden:
1. vollkommene Unabhängigkeit der Ionenbewegungen (d. h. freie Diffusion),
2. räumlich konstanter Diffusionskoeffizient (homogene Membranphase),
3. konstantes elektrisches Feld innerhalb der Membran (linear sich änderndes Potenzial).

Wir möchten an dieser Stelle noch einmal hervorheben, dass alle drei Annahmen für realistische biologische Bedingungen äußerst fragwürdig sind.

Die Membran als elektrische Einheit Der elektrische Strom in biologischen Systemen wird von Ionen getragen. Aus elektronischer Sicht kann die Membran als Parallelschaltung aus einem Widerstand (R_{M}) und einem Kondensator (C_{M}) betrachtet werden (◘ Abb. 2.1). Das Öffnen und Schließen von Ionenkanälen und die Aktivitäten von elektrogenen Carriern bestimmen den Membranwiderstand R_{M}. Eigenschaften von Strom-Spannungsabhängigkeiten (IV-Kurven) können uns daher wichtige Informationen über die Funktion der jeweiligen Membranproteine liefern. Interessanterweise ändert sich die spezifische Membrankapazität kaum und ist auch unabhängig vom Zelltyp. Für eine Lipiddoppelschicht beträgt die spezifische Membrankapazität ca. $0{,}8\,\mu\text{F}/\text{cm}^2$; ein Wert von

○ **Abb. 9.6** Stromverlauf (*I*) als Antwort auf einen rechteckigen Voltage-Clamp-Puls (*U*). Das Stromsignal ist die Überlagerung eines transienten (kapazitiven) Stroms (I_{cap}) und eines stationären Stroms, der bei einem kleinen Spannungspuls ohmschen Charakter hat (I_{SS}) (s. **(9.3a)**)

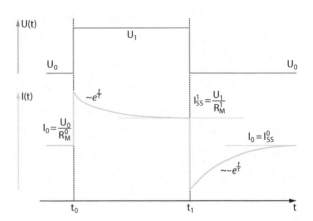

$1\,\mu\mathrm{F/cm^2}$ wird häufig benutzt, um aus der elektrischen Bestimmung der Membrankapazität die Membranfläche zu ermitteln. Die Kapazität lässt sich einfach aus dem transienten Stromsignal bei einer Umladung der Membrankapazität ermitteln.

Prägt man der Zellmembran einen kleinen rechteckigen Spannungspuls auf, der keine Leitfähigkeitsänderungen induziert, dann setzt sich die Stromantwort *I* aus einer transient kapazitiven (I_{cap}) und einer konstanten (I_{SS}) Komponente zusammen (s. ○ Abb. 9.6):

$$I(t) = I_{cap} + I_{ss} = C_M \frac{dU}{dt} + I_{ss}. \tag{9.3a}$$

Die Membrankapazität ist dann gegeben durch

$$\int_{t_0}^{t_1} (I(t) - I_{ss})\,dt = C_M \int_{U_0}^{U_1} dU. \tag{9.3b}$$

Theoretischer Hintergrund für das Voltage-Clamp-Verfahren

Die wichtigste elektrophysiologische Methode in der Grundlagenforschung ist das Voltage-Clamp-Verfahren. Die Methode ermöglicht es, bei einem vorgegebenen Membranpotenzial Ströme über die Zellmembran zu messen und zu analysieren, die durch die spezialisierten Ionenkanäle und Carrier vermittelt werden. Die Voltage-Clamp-Technik basiert auf zwei Meilensteinen der modernen Elektrophysiologie, der Beschreibung der Erregbarkeit nach Hodgkin-Huxley (1952) (▶ Abschn. 6.1) und dem Nachweis von Einzelkanalereignissen mithilfe der Patch-Clamp-Technik (Neher und Sakmann 1976, ▶ Abschn. 3.6).

Prinzip des Voltage-Clamps (s. ▶ Abschn. 3.4.5) Der ideale Voltage-Clamp mit vernachlässigbarem Elektrodenwiderstand ($R_E = 0$) (○ Abb. 3.19) besteht aus einer Spannungsquelle, die das Klemmpotenzial V_C vorgibt, der Modellmembran, einem Schalter und einem Amperemeter, um den Membranstrom I_M messen zu können. Dieser Stromkreis wird als „ideal" bezeichnet, weil für Leiter, Amperemeter und Batterie vernachlässigbare Innenwiderstände angenommen werden. Wenn nun der Schalter geschlossen wird, erreicht das

Membranpotenzial V_M das Klemmpotenzial V_C, sobald die Membrankapazität C_M geladen ist ($V_M = V_C$).

Der wesentliche Unterschied des realen Voltage-Clamp gegenüber dem idealen besteht darin, dass die Widerstände zwischen der Elektronik und der Zelle nicht vernachlässigt werden. Insbesondere darf der Elektrodenwiderstand R_{CE} nicht vernachlässigt werden, da dieser in Serie mit dem Membranwiderstand liegt und somit ein Spannungsteiler entsteht. Der Spannungsabfall an der Membran beträgt daher nur

$$V_M = \frac{R_M}{R_M + R_{CE}} V_C. \tag{9.4}$$

Wenn R_{CE} gegenüber R_M nicht vernachlässigt werden kann, ist eine zweite Elektrode notwendig, um das tatsächliche Membranpotenzial bestimmen zu können (s. ◼ Abb. 3.20). Im Laborkurs werden Glasmikroelektroden verwendet, um für den Zugang zum Zytoplasma die Zellmembran zu penetrieren. Solche Elektroden haben Spitzenwiderstände im Bereich von 1–5 MΩ und somit Widerstände, die ähnlich dem Eingangswiderstand großer Zellen wie den *Xenopus*-Oozyten sind.

Zwei-Elektroden-Voltage-Clamp Für große Zellen mit $R_M \leq R_{CE}$ verwenden wir die sogenannte Zwei-Elektroden-Voltage-Clamp (TEVC)-Technik. Da der Membranwiderstand sich infolge verschiedener Stimuli während eines Experiments ändert, muss das Membranpotenzial V_M kontinuierlich mit dem Kommandopotenzial V_K verglichen werden. Dies geschieht mithilfe elektronischer Bauteile, der Operationsverstärker (Op-Amp) (s. ◼ Abb. 3.22), die eine exakte und schnelle Kommunikation zwischen V_M und V_K ermöglichen.

Die hier verwendeten Op-Amps sind dadurch charakterisiert, dass sie die Differenz eines Eingangssignals zwischen den beiden Eingängen ($e_+ - e_-$) um einen Faktor A verstärken (s. ◼ Abb. 3.22a):

$$E_0 = A(e_+ - e_-). \tag{9.5}$$

Diese Art von Op-Amps bilden als negative Rückkopplungsverstärker das Herz eines Voltage-Clamp-Systems (s. ◼ Abb. 3.23). Der positive Eingang ist mit dem Kommandopotenzial V_K verbunden, der negative Eingang mit dem Signal, das von der Potenzialelektrode geliefert wird. Diese beiden Eingangssignale bestimmen das Potenzial am Ausgang des Op-Amps, wodurch das Membranpotenzial sehr schnell und akkurat auf das gewünschte Kommandopotenzial geklemmt werden kann. Der Strom, der dafür vom Rückkopplungsverstärker geliefert wird, entspricht genau dem über die Zellmembrane gegen die Erde abfließenden Strom. Dieser Membranstrom kann sowohl am Ausgang des Verstärkers als auch an der geerdeten Badelektrode gemessen werden.

Eine weitere Version eines Op-Amps, die essenziell für das Voltage-Clamp-System ist, ist der sogenannte Spannungsfolger (◼ Abb. 3.22b), bei dem der negative Eingang direkt mit dem Ausgang verbunden wird (d. h. $e_0 = e_-$). Bei einem typischen, hohen Verstärkungsfaktor ($A \approx 10^4$–10^6) ergibt sich entsprechend (9.5), dass das Ausgangssignal dem Signal am positiven Eingang folgt ($e_0 \approx e_+$). Dieser Spannungsfolger wird verwendet, um das sensible Signal von der Spannungselektrode von den nachfolgenden Registriereinheiten zu entkoppeln. Durch den dadurch erzielten hohen Eingangswiderstand der Potenzialelektrode wird ein Stromfluss über diese Elektrode minimiert.

Häufig kommen auch zwei Badelektroden zum Einsatz, eine, über die der Membranstrom abfließen kann, und eine zweite, die das Potenzial im Bad misst (virtuelle Erde) und als Referenz für die intrazelluläre Spannungselektrode dient. Durch die Verwendung der zusätzlichen virtuellen Erdelektrode wird vermieden, dass diese durch Stromfluss polarisiert wird.

9.3.3 Fragen, die für den Kurs beantwortet werden sollten

Zur Vorbereitung auf den Kurs sollten sich die Teilnehmer mit den folgenden Fragen vertraut machen:
1. Wie groß sind die ungefähren intra- und extrazellulären Ionenaktivitäten bei einer Vertebratenzelle?
2. Wie groß ist die spezifische Kapazität einer Zellmembran, und inwiefern ist es ein wichtiger biophysikalischer Parameter? Wie groß ist die Kapazität einer *Xenopus*-Oozyte, wenn wir davon ausgehen, dass sie eine Kugel mit einem Durchmesser von 1 mm ist?
3. Berechnen Sie das Nernst-Potenzial für eine typische K^+-Verteilung an einer Zellmembran. Diskutieren Sie, wie die Nernst-Gleichung benutzt werden kann, um die intrazelluläre K^+-Konzentration zu bestimmen.
4. Schreiben Sie die Goldman-Hodgkin-Katz(GHK)-Gleichung nieder. Welches sind die Annahmen, auf denen die GHK-Gleichung basiert? Nennen Sie Beispiele, die der GHK-Gleichung widersprechen.
5. Stellen Sie Informationen zur Na^+, K^+-ATPase (auch als Na-Pumpe bezeichnet) zusammen, und erklären Sie, warum diese Ionenpumpe elektrogen ist.
6. Beschreiben Sie die Grundlagen der Voltage-Clamp-Technik (benutzen Sie dafür ein elektrisches Schaltbild). Worin bestehen die Aufgaben der Operationsverstärker? (Gehen Sie dabei auf die Aufgabe des Rückkopplungsverstärkers und des Spannungsfolgers ein.)
7. In dem Kurs werden Mikroelektroden eingesetzt. Geben Sie an, wie der Kontakt zwischen der physiologischen Lösung und der Elektronik erstellt wird (einschließlich Reaktionsgleichung).

9.3.4 Versuchsaufbau und Versuchsanleitung

Versuchsaufbau (s. ◘ Abb. 9.7)

Defollikulierte Oozyten des Krallenfroschs *Xenopus laevis* werden im Zentrum der Messkammer (1) positioniert. Diese befindet sich unter einem Binokular und ist über Ventile (oder einen Wechselhahn) mit den Lösungen verbunden, mit denen die Kammer durchspült werden soll. In die Zelle sind die beiden Mikroelektroden eingestochen (s. auch ◘ Abb. 9.5b). Das Klemmpotenzial V_K wird der Membran über den Rückkopplungsverstärker FBA (2) des Turbo TEC (NPI electronic, www.npielectronic.com) aufgeprägt. Der Verstärker wird über einen Rechner mit dem *CellWorks*-Programm (3) gesteuert. Zur Überprüfung der Qualität des Voltage-Clamp lässt sich der Zeitverlauf des Stroms I_M und

 **Abb. 9.7** Schema der experimentellen Anordnung

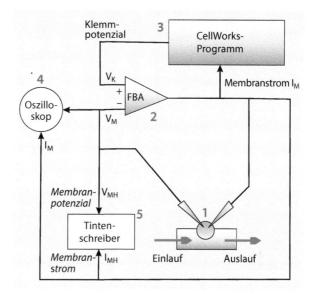

Potenzials V_M auf einem Oszilloskop (4) verfolgen. Außerdem werden mit einem Tintenschreiber (5) das Haltepotenzial und der Haltestrom kontinuierlich mitgeschrieben.

Herstellung der Mikroelektroden

Zunächst werden aus Borosilikatglaskapillaren mit Filament mit einen Vertikal-Ziehgerät (*puller*) Mikropipetten hergestellt. Die Pipetten werden dann mithilfe einer feinen Spritzenkanüle mit 3 M KCl gefüllt. Dabei muss darauf geachtet werden, dass keinesfalls Luftbläschen in der Pipettenspitze zurückbleiben. Die Mikropipette wird dann in den Elektrodenhalter eingeführt, der an einem Mikromanipulator befestigt ist (s. ◻ Abb. 9.5a). Ein mit AgCl überzogener Silberdraht des Elektrodenhalters dient als Verbindung zwischen der 3 M KCl-Lösung und der Elektronik. Der Widerstand der Elektrode kann mit einem im Turbo TEC integrierten Ohmmeter bestimmt werden und sollte sich in einem Bereich von 1 MΩ bewegen.

Anleitung zur Verwendung des *CellWorks*-Programms zur Steuerung des Turbo TEC

1. Beim Start von *CellWorks* muss man sich zunächst als Benutzer anmelden (z. B. als DEF).
2. Jetzt können die folgenden Module geöffnet werden:
   a. *Execution* (ermöglicht das Schalten von Ventilen und die Ausführung des Programms zur Messung von Strom-Spannungs(IV)-Kurven),
   b. *Online A* zeigt den Zeitverlauf der Spannungspulse und der Stromantworten sowie die stationären Spannungs- und Stromwerte (während der letzten 20 ms eines Pulses gemittelte Werte (s. ◻ Abb. 9.8)).
3. Ist zum Lösungswechsel ein Ventilsystem installiert, wählt man im *Execution*-Modul die *Manual*-Option und öffnet das Ventil für die gewünschte Lösung und startet die Pumpe.

◻ Tabelle 9.4 Ionenzusammensetzung der externen Lösungen (in mM). MOPS (pH-Puffer, pH = 7.2), TMA: Tetramethylammonium, TEA: Tetraethylammonium

Lösungs-Nr	NaCl	CaCl$_2$	MOPS	TMA-Cl	BaCl$_2$/TEA-Cl	KCl
1	100	1	5	25	0/0	10
2	100	1	5	25	0/0	0
3	100	1	5	0	5/20	10
4	100	1	5	0	5/20	0

Ist kein Ventilsystem installiert, müssen die Lösungen und die Pumpe manuell geschaltet werden.

4. Um den Voltage-Clamp zu starten, muss im *Execution*-Modul die *Pulse*-Option gewählt und *IV curves* gestartet werden, das dann aber sofort wieder abgebrochen wird. Dadurch werden das Haltepotenzial auf −60 mV und die Startparameter für den *Online*-Monitor gesetzt (wichtig: überprüfen, dass die *Export on*-Option im *Online*-Monitor aktiviert ist). Jetzt kann *IV curves* erneut gestartet werden und IV-Kurven können gemessen werden.

Lösungen

Während eines Experiments wird die Messkammer mit vier verschiedenen Lösungen (s. ◻ Tab. 9.4) durchspült, um unterschiedliche Stromkomponenten zu blockieren. Der Lösungsdurchfluss wird auf etwa einen Tropfen pro Sekunde eingestellt.

Lösung 1 Hat eine Ionenzusammensetzung ähnlich einer extrazellulären physiologischen Flüssigkeit.

Lösung 2 Ohne KCl, daher sollten Ströme, die durch die Na$^+$, K$^+$-Pumpe (I_P) vermittelt werden, und einwärtsgerichtete Ströme durch K$^+$-Kanäle (I_K) blockiert werden.

Lösung 3 Das TMA-Cl ist durch BaCl$_2$ und TEA-Cl ersetzt. Ba^{2+} und TEA$^+$ sind spezifische Inhibitoren von K$^+$-Kanälen.

Lösung 4 Wie Lösung 3, aber ohne KCl. Dadurch wird wieder der durch die Na$^+$, K$^+$-Pumpe vermittelte Strom blockiert.

9.3.5 Experimente und Datenanalyse

IV-Kurven

Versuchsdurchführung Wir sind daran interessiert, die Strom-Spannungskurve der Na$^+$, K$^+$-Pumpe zu bestimmen. Daher wählen wir die Ausgangsbedingungen so, dass die Pumpe möglichst stark stimuliert wird. Dafür verwenden wir in unserer extrazellulären Lösung 1 10 mM K$^+$. Zusätzlich erhöhen wir die intrazelluläre Na$^+$ Konzentration, indem wir die Zellen vor dem Beginn des Experiments für etwa 30 min in einer sogenannten Ladelösung inkubieren; diese Ladelösung enthält kein Ca^{2+}, wodurch die negativ geladene Membranoberfläche während der Inkubation destabilisiert wird (s. ▶ Abschn. 6.4.1) und ein Austausch zwischen intra- und extrazellulären kleinen Ionen ermöglicht wird. Danach werden die Oozyten zur Erholung für mindestens 15 min in eine Nach-Ladelösung gegeben, die wieder Ca^{2+} enthält, aber kein K^+, um die Na^+, K^+-Pumpe zu blockieren.

Nachdem die beiden Mikroelektroden zunächst in die Badlösung in der Messkammer eingetaucht wurden, werden im *VC-off*-Modus des Turbo TEC die *offsets* der Potenzial- und Stromelektrode auf null gebracht. Anschließend werden die Pipetten in die Oozyte eingestochen. Das Durchstechen der Membran lässt sich mit einem Audiomonitor des Turbo TEC detektieren, der das Potenzial an der Elektrode in ein akustisches Signal konvertiert; sobald die Pipette die Zellmembran durchsticht und das Ruhemembranpotenzial gemessen wird, ändert sich die Audiofrequenz.

Nachdem beide Mikroelektroden eingeführt sind, kann der Verstärker in den *VC*-Modus geschaltet werden. Bevor mit dem Messen von Stromspannungskurven begonnen wird (durch Starten von *IV curves* des *Execution*-Moduls im *CellWorks*-Programm), sollte sich der Haltestrom auf dem Tintenschreiber stabilisiert haben. Jetzt kann die Kammer mit den vier verschiedenen Lösungen (1–4) in der folgenden Reihenfolge durchspült und jeweils eine IV-Kurve (I_1–I_8) aufgenommen werden:

$$1 \rightarrow \quad 2 \rightarrow \quad 1 \rightarrow \quad 3 \rightarrow \quad 1 \rightarrow \quad 3 \rightarrow \quad 4 \rightarrow \quad 3$$

$$I_1 \qquad I_2 \qquad I_3 \qquad I_4 \qquad I_5 \qquad I_6 \qquad I_7 \qquad I_8$$

Nach jedem Wechsel zu einer neuen Lösung sollte man für einen vollständigen Lösungsaustausch 1–2 min warten, bevor eine neue IV-Kurve aufgenommen wird. Für jede IV-Messung werden der Membran, ausgehend vom Haltepotenzial von -60 mV, Spannungspulse (Dauer 200 ms) von -150 bis $+30$ mV in 10-mV Abständen aufgeprägt (◧ Abb. 9.8a). An *Xenopus*-Oozyten stellt sich nach Abklingen der kapazitiven Komponente im Allgemeinen ein stationärer Strom ein (◧ Abb. 9.8b). Während der letzten 20 ms eines Spannungspulses wird für die IV-Kurve (◧ Abb. 9.8c) der Strom gemittelt, um dabei auch den Einfluss eines möglicherweise auftretenden 50-Hz-Rauschens zu eliminieren.

Nachdem alle acht IV-Kurven in den jeweiligen Lösungen gemessen wurden, sollte das Experiment an weiteren Oozyten durchgeführt werden. Für die Endauswertung sollten Daten von wenigstens fünf Oozyten vorliegen.

Aufgaben Für die Analyse der Daten empfiehlt sich eine Software, die neben dem Datentransfer die Berechnung von Mittelwerten und Fehlern, grafische Darstellungen, Anpassung von Kurven sowie statistisches Einschätzen von Hypothesen ermöglicht. Im Laborkurs kommt dafür die ORIGIN-Software (OriginLab Corp.) zum Einsatz.

Die online ermittelten Daten der IV-Kurven befinden sich im *Export*-Ordner des *CellWorks*-Programms. Für jede Strom-Spannungskurve wurde eine ASCII-Datei abgelegt, die aus sechs Spalten besteht; nur die erste (Potenzial in mV) und die zweite (stationärer Strom in nA) werden benötigt.

Für jedes Experiment sollen die Stromkomponenten $I_{K\text{-sens}}$, I_K und I_{Pump} aus der Differenz von Strömen in verschiedenen Lösungen bestimmt werden (s. unten a.–c.). Danach sollten Mittelwerte und Fehler der Mittelwerte (SEMs) berechnet werden. Die Strom-

Abb. 9.8 Rechteckige Voltage-Clamp-Pulse (**a**) führen zu Membranstromantworten (**b**), während der letzten 20 ms der Pulse werden die stationären Ströme gemittelt und gegenüber dem Membranpotenzial als Strom-Spannungskurven (**c**) aufgetragen

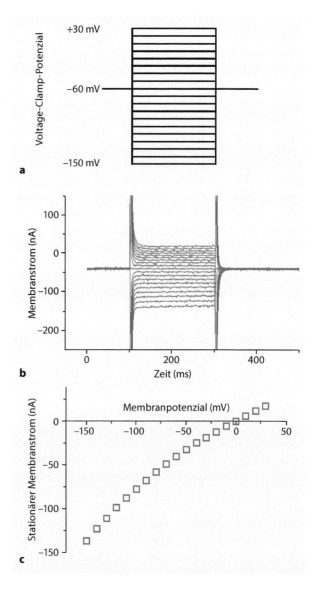

Spannungskurven der ermittelten Stromkomponenten können für die einzelnen Experimente in einer Abbildung zusammengefasst werden, die gemittelten mit den Fehlerbalken in einer separaten Grafik.

a. Der gesamte K^+-sensitive Strom $I_{K\text{-sens}}$ wird als Differenz der Ströme in Lösung 1 und 2 ermittelt. Manchmal ändern sich die Ströme linear mit der Zeit (*run-up* oder *run-down*); das lässt sich meist kompensieren, indem der Mittelwert von I_1 und I_3 (beide in Lösung 1) gebildet wird:

$$I_{K\text{-sens}} = \frac{I_1 + I_3}{2} - I_2.$$

b. Der Strom durch K^+-Kanäle, I_K, lässt sich als Differenz zwischen den Strömen in Lösung 1 und 3 ermitteln:

$$I_K = \frac{I_3 + I_5}{2} - I_4.$$

c. Der von der Na^+, K^+-Pumpe, I_{Pump}, vermittelte Strom lässt sich als Differenz zwischen den Lösungen 3 und 4 ermitteln:

$$I_{Pump} = \frac{I_6 + I_8}{2} - I_7.$$

d. Um nachzuweisen, dass die Ströme durch K^+-Kanäle und die durch Pumpen vermittelten den Hauptbeitrag zu den K^+-sensitiven Strömen liefern, wird die Summe $I_K + I_{Pump}$ mit $I_{K\text{-sens}}$ verglichen. Zur Abschätzung soll für wenigstens drei Potenziale (z. B. -120, -60 und 0 mV) ein gepaarter t-Test durchgeführt werden (s. unten). Das Ergebnis soll diskutiert werden.

Testen einer Hypothese: Der gepaarte t-Test

Für die Datenanalyse wurden der elektrogene, durch Na^+, K^+-Pumpen vermittelte Strom, I_{Pump}, der Strom durch K^+-sensitive Kanäle, I_K, und der gesamte K^+-sensitive Strom, $I_{K\text{-sens}}$, bestimmt. Diese Stromkomponenten wurden als Differenz ohne und mit Inhibition der jeweiligen Komponente ermittelt. Es soll jetzt die Hypothese getestet werden:

$$I_{K\text{-sens}} = I_K + I_{Pump}. \tag{9.6}$$

Um zu entscheiden, ob Ströme sich signifikant von einer nur statistischen Abweichung unterscheiden, muss ein Kriterium für die Signifikanz aufgestellt werden. Eine sehr detaillierte Einführung in allgemeine statistische Methoden kann man auf der Internetseite *Concepts and Applications of Inferential Statistics* (Lowry 1999–2018, http://vassarstats.net/textbook/) finden.

Für die obige Hypothese soll der t-Test angewendet werden. Grundlage für das Testverfahren ist, dass die Daten eine Subpopulation einer unbekannten Gesamtpopulation bilden, die als normalverteilt angesehen werden kann. Die Subpopulation muss den gleichen Mittelwert aufweisen wie die Quelle, wobei aber die Standardabweichung der Quelle unbekannt ist.

Nimmt man N zufällige Proben, dann ist die mittlere Varianz der Stichproben gegeben durch die Varianz der Quellpopulation multipliziert mit $1/N$. Die Proben haben dabei keine Normalverteilung, sondern eine t-Verteilung. Die t-Verteilung hat zwar auch die Form einer Glockenkurve, aber in Abhängigkeit von der Zahl der Freiheitsgrade ($df = N - 1$) ist sie flacher als die der Normalverteilung und somit anfälliger dafür, dass Werte weiter weg vom Mittelwert liegen ($\square$ Abb. 9.9a). Für $N \to \infty$ geht die t-Verteilung in eine Normalverteilung über. Wenn M_S der Stichprobenmittelwert und μ der zu testende Mittelwert der Quellpopulation sind, dann gilt bei N Stichproben m_i

$$t = \frac{M_S - \mu}{\sigma_S}\sqrt{N} \quad \text{mit} \quad M_S = \frac{1}{N}\sum_{i=1}^{N} m_i \quad \text{und} \quad \sigma_S = \sqrt{\frac{1}{N-1}\sum_{i=1}^{N}(m_i - \mu)^2}.$$

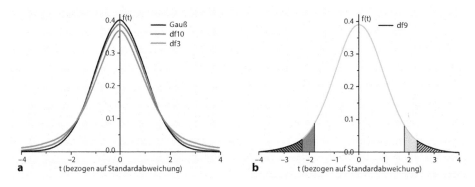

Abb. 9.9 Wahrscheinlichkeitsdichtefunktion $f(t, df)$ für die Anzahl der Freiheitsgrade $df = 3$, $df = 10$ und die Gauß'sche Normalverteilung (**a**) und für $df = 9$ (**b**). Die blauen/grünen Bereiche in **b** markieren die 5 %-Bereiche für den einseitigen t-Test mit $|t| > 1{,}83$ (der Probenmittelwert ist signifikant kleiner/größer als der Testmittelwert). Die gestrichelten Bereiche markieren die 2,5 %-Bereiche für den doppelseitigen t-Test mit $|t| > 2{,}26$ (der Probenmittelwert ist signifikant verschieden vom Testmittelwert)

Bei einem Signifikanzniveau von 0,05 wird von signifikant unterschiedlich gesprochen, wenn der Mittelwert M_S innerhalb des 2,5 %-Bereichs auf einer der Seiten einer t-Verteilung liegt (zweiseitiger t-Test), oder er ist signifikant größer/kleiner als der Testmittelwert, wenn er im 5 %-Bereich auf der rechten/linken Seite liegt (einseitiger t-Test).

Der gepaarte t-Test findet Anwendung, wenn zwei Stichprobenpopulationen miteinander verglichen werden sollen und die jeweiligen Proben als Paare zueinander in Beziehung gesetzt werden können. In unserer Anwendung für die $I_\text{K-sens}$- und die $(I_\text{K} + I_\text{Pump})$-Werte der jeweiligen Einzelexperimente können zunächst die Differenzen und dann der Mittelwert gebildet werden. Dann kann der t-Test mit $\mu = 0$ durchgeführt werden.

Bestimmung der Membrankapazität

Durchführung In der Option *Export settings* des *Online*-Monitors muss *Export raw data* ausgewählt werden. Dann enthält die exportierte Datei nicht nur die stationäre IV-Kurve, sondern auch den gesamten Zeitverlauf von Spannung und Strom während des Voltage-Clamp-Pulses. Für die Bestimmung der Membrankapazität können auch unbeladene Oozyten verwendet werden; auch die eingesetzte Lösung in der Kammer ist ohne Bedeutung. Die Oozyte wird wie gewohnt unter Voltage-Clamp gebracht.

Im *Execution*-Modul wird nun die Option *IV-curve_cap* gewählt, wobei ein einzelner Puls (200 ms) von -60 auf -70 mV appliziert wird (s. ▪ Abb. 9.6).

Aufgabe

a. Der Durchmesser einer Oozyte wird unter dem Mikroskop bestimmt, und unter der Annahme einer Kugelform wird die Membrankapazität berechnet.

b. Die Membrankapazität wird experimentell durch Analyse des transienten Stromsignals (s. ▸ Abschn. 9.3.2 und ▪ Abb. 9.6) ermittelt. Die *raw data*, die von *CellWorks* exportiert wurden, enthalten drei Spalten: die Zeit (ms), den Strom (nA) und das Potenzial (mV). Der Zeitverlauf des Stroms während des Spannungspulses kann somit dargestellt werden. Mithilfe der Gleichung 9.3 kann die Membrankapazität berechnet werden, u. z. sowohl für den Spannungssprung von -60 auf -70 mV als auch für den zurück auf −60 mV (für die Berechnung kann dann der Mittelwert eingesetzt werden). Wie groß sollte die Membranoberfläche danach sein?

c. Vergleichen und diskutieren Sie Ihre Ergebnisse aus a. und b.

Literatur

Bierwirtz A, Schwarz W (2014) Biophysikalisches Praktikum, Goethe-Universität Frankfurt. http://www.biophysik.org/~wille/prakt/anleitungen/03_elektrophys.pdf. Zugegriffen: 30. Mai 2018

Fields RD (2007) The shark's electric sense. Sci Am 8:75–81

Guidelines ICNIRP (1998) Guidelines for limiting exposure to time-varying electric, magnetic and electromagnetic fields (up to 300 GHz). Health Phys 74:494–522

Guidelines ICNIRP (2010) Guidelines for limiting exposure to time-varying electric and magnetic fields (1 Hz –100 kHz). Health Phys 99:818–836

Guidelines ICNIRP (2014) Guidelines for limiting exposure to electric fields induced by movement of the human body in a static magnetic field and by time-varying magnetic fields below 1 Hz. Health Phys 106:418–425

Heckmann K, Vollmerhaus W, Kutschera J, Vollmerhaus E (1969) Mathematische Modelle für reaktionskinetische Phänomene. Z Naturforsch 24a:664–673

Hill TL (1977) Free energy transduction in biology. Academic Press, New York London

Hodgkin AL, Huxley AF (1952) A quantitative description of membrane current and its application to conductance and excitiation in nerve. J Physiol 117:500–544

Jaffe LF, Nuccitelli R (1974) An ultrasensitive vibrating probe for measuring steady extracellular currents. J Cell Biol 63:614–628

King EL, Altman C (1956) Schematic method of deriving the rate laws for enzyme-catalyzed reactions. J Phys Chem 60:1375–1378

Kirchhoff G (1847) Ueber die Auflösung der Gleichungen, auf welche man bei der Untersuchung der linearen Vertheilung galvanischer Ströme geführt wird. Poggendorfs Ann Phys Chem 72:497–508

Lowry R (1999–2018) Concepts & Applications of Inferential Statistics, http://vassarstats.net/textbook/. Zugegriffen: 30. Mai 2018

Maeda K, Henbest KB, Cintolesi F, Kuprov I, Rodgers CT, Liddell PA, Gust D, Timmel CR, Hore PJ (2008) Chemical compass model of avian magnetoreception. Nature 453:387–390

Murray RW (1962) The response of the ampullae of Lorenzini of Elasmobranchs to electrical stimulation. J Exp Biol 39:119–128

Neher E, Sakmann B (1976) Single-channel currents recorded from membrane of denervated frog muscle fibres. Nature 260:799–802

Robinson KR (1979) Electrical currents through full-grown and maturing Xenopus oocytes. PNAS 76:837–841

Schüler D (2008) Genetics and cell biology of magnetosome formation in magnetotactic bacteria. FEMS Microbiol Rev 32:654–672

Stein WD (1976) An algorithm for writing down flux equations for carrier kinetics, and its application to cotransport. J Theor Biol 62:467–478

Vistnes AI (2001) Low frequency fields. In: Brune D, Hekkborg R, Persson BRR, Pääkkönen R (Hrsg) Radiation at home, outdoors and in the working place. Scandinavian Science Publisher, Oslo

Serviceteil

Sachverzeichnis

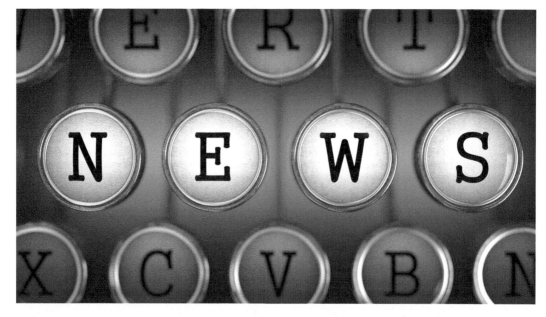

Willkommen zu den Springer Alerts

- Unser Neuerscheinungs-Service für Sie:
  aktuell *** kostenlos *** passgenau *** flexibel

Springer veröffentlicht mehr als 5.500 wissenschaftliche Bücher jährlich in gedruckter Form. Mehr als 2.200 englischsprachige Zeitschriften und mehr als 120.000 eBooks und Referenzwerke sind auf unserer Online Plattform SpringerLink verfügbar. Seit seiner Gründung 1842 arbeitet Springer weltweit mit den hervorragendsten und anerkanntesten Wissenschaftlern zusammen, eine Partnerschaft, die auf Offenheit und gegenseitigem Vertrauen beruht.

Die SpringerAlerts sind der beste Weg, um über Neuentwicklungen im eigenen Fachgebiet auf dem Laufenden zu sein. Sie sind der/die Erste, der/die über neu erschienene Bücher informiert ist oder das Inhaltsverzeichnis des neuesten Zeitschriftenheftes erhält. Unser Service ist kostenlos, schnell und vor allem flexibel. Passen Sie die SpringerAlerts genau an Ihre Interessen und Ihren Bedarf an, um nur diejenigen Information zu erhalten, die Sie wirklich benötigen.

Mehr Infos unter: springer.com/alert

Printed by Printforce, the Netherlands